Operations Research

von

Prof. Dr. Gert Heinrich

Duale Hochschule Baden-Württemberg,
Villingen-Schwenningen

2., überarbeitete Auflage

Oldenbourg Verlag München

Bibliografische Information der Deutschen Nationalbibliothek

Die Deutsche Nationalbibliothek verzeichnet diese Publikation in der Deutschen Nationalbibliografie; detaillierte bibliografische Daten sind im Internet über http://dnb.d-nb.de abrufbar.

Rosenheimer Straße 145, D-81671 München
Telefon: (089) 45051-0
www.oldenbourg-verlag.de

Lektorat: Dr. Stefan Giesen
Herstellung: Tina Bonertz
Titelbild: www.thinkstockphotos.de
Einbandgestaltung: hauser lacour
Gesamtherstellung: Grafik & Druck GmbH, München

Dieses Papier ist alterungsbeständig nach DIN/ISO 9706.

ISBN 978-3-486-71696-2
eISBN 978-3-486-72379-3

Vorwort

Vorwort zur zweiten Auflage

Die zweite Auflage dieses Buches erscheint inhaltlich nahezu unverändert. Lediglich eine Ungenauigkeit beim dualen Simplex-Algorithmus und den dazu gehörenden Beispielen wurde verbessert. Außerdem wurde das Layout modernisiert.

Bedanken möchte ich mich bei meiner Familie für Verzicht, Verständnis und Nachsicht. Mein besonderer Dank gilt dabei Frau Diplom-Psychologin Sabine Heinrich, die große Teile des Werks in eine neuere Version des Textverarbeitungssystems übertragen hat und bei Frau Susanne Heinrich und Frau Felicitas Heinrich für die kritische Durchsicht des Manuskripts und das unermüdliche Korrekturlesen. Ebenfalls besonders bedanken möchte ich mich bei Herrn Dr. Stefan Giesen und seinem Team vom Oldenbourg Wissenschaftsverlag für die angenehme Zusammenarbeit bei der Entstehung dieses Buches.

Villingen-Schwenningen, im September 2012 Gert Heinrich

Vorwort zur ersten Auflage

Schon seit einigen Jahren verlangen die Studierenden an den verschiedensten Einrichtungen wie Universitäten, Fachhochschulen und den Berufsakademien in Baden-Württemberg kompakte Lehrbücher mit einem vernünftig dosierten Anteil an Übungsaufgaben mit vollständigen Lösungen. Im Zuge der Umstellung von den Diplomstudiengängen auf die neuen Abschlüsse Bachelor und Master kann diesem Wunsch bestens entsprochen werden, da sämtliche Vorlesungsinhalte in Form von Modulen beschrieben werden, die an allen Studieneinrichtungen größtenteils inhaltlich übereinstimmen.

Das Fachgebiet Operations Research befasst sich fast vollständig mit mathematischen Optimierungsmethoden zur bestmöglichen Entscheidungsfindung in der angewandten Betriebswirtschaftslehre. Deshalb ist dieses Gebiet für Praktiker besonders wichtig. Gerade aus diesem Grund wird in diesem Werk weniger die exakte Sicht auf die mathematischen Modelle und Zusammenhänge vermittelt, sondern den folgenden Anliegen der Praktiker entsprochen:

- Es werden alle Beispiele vollständig durchgerechnet und die Abläufe der Algorithmen explizit vorgeführt.
- Zahlreiche Hinweise auf praktische Anwendungsmöglichkeiten können den vierzehn verschiedenen Beispielen in Kapitel eins entnommen werden.

Im einleitenden Kapitel wird zuallererst eine Vielzahl von Anwendungsbeispielen vorgestellt, um einen Einblick zu erhalten, was Operations Research alles zu leisten vermag. Die allgemeine Vorgehensweise samt der Modellbildung schließt sich an. Ein ganz einfach gehaltenes Beispiel demonstriert die vorgestellten Denkweisen. In den folgenden acht Kapiteln werden die Teilgebiete

- Lineare Optimierung
- Spieltheorie
- Transportprobleme
- Ganzzahlige Optimierung
- Binäre Optimierung
- Graphentheorie
- Netzplantechnik und
- Simulation

ausführlich besprochen. Die vorgestellten Algorithmen werden ausführlich mit allen Iterationen an zahlreichen Beispielen vorgeführt.

Den Abschluss eines jeden Kapitels bilden Übungsaufgaben. Zu allen Aufgaben gibt es ausführliche Lösungen.

Für die kritische Durchsicht des Manuskripts und das unermüdliche Korrekturlesen bedanke ich mich bei meiner Mutter Elisabeth Heinrich, bei meiner Frau Susanne Heinrich und bei meiner Tochter Sabine Heinrich. Mein Dank gilt auch Herrn Dipl. Wirtschaftsinformatiker (BA) Björn Biernatzki für die vielen Hinweise und das Überprüfen der vielen Berechnungen.

Mein besonderer Dank gilt Herrn Dr. Jürgen Schechler vom Oldenbourg-Verlag für die angenehme Zusammenarbeit bei der Entstehung dieses Buches.

Für Hinweise auf Fehler und Verbesserungsvorschläge bin ich jedem Leser dankbar.

Villingen-Schwenningen, im August 2007 Gert Heinrich

Inhaltsverzeichnis

Abbildungsverzeichnis

1 Einführung und Grundlagen

Operations Research beschäftigt sich wörtlich übersetzt mit der Erforschung von Operationen. Ein Kurzbegriff als tatsächliche Übersetzung in die deutsche Sprache hat sich jedoch nicht durchgesetzt. Vorgeschlagen wurden hier Anwendung quantitativer Methoden zur Vorbereitung optimaler Entscheidungen, Unternehmensforschung, Optimalplanung, Planungsforschung, mathematische Planungsrechnung oder Entscheidungsvorbereitung. Die wohl beste, aber viel zu lange Umschreibung ist:

Mathematische Optimierungsmethoden zur bestmöglichen Entscheidungsfindung in der angewandten Betriebswirtschaftslehre.

Die scheinbare Einschränkung auf die BWL ist keine wirkliche Schmälerung des Einsatzgebiets, nahezu alle derart betrachteten Optimierungsmodelle haben eine ökonomische Komponente oder Zielsetzung.

In der Praxis hat sich die Abkürzung OR für Operations Research durchgesetzt.

In den folgenden drei Abschnitten werden zuerst Beispiele von charakteristischen Problemstellungen vorgestellt. Danach werden die allgemeine Vorgehensweise und die Modellbildung aufgezeigt. Zum Schluss erfolgt eine Klassifizierung der Teilgebiete des Operations Research.

1.1 Beispiele von charakteristischen Problemstellungen

In diesem Abschnitt werden zahlreiche Praxisbeispiele vorgestellt, die mit Methoden des Operations Research beschrieben, modelliert und gelöst werden können.

Die Beispiele 1.1 bis 1.8 stellen Optimierungsprobleme dar, die allesamt die gleichen Sachverhalte beinhalten. Gesucht ist das Minimum bzw. das Maximum einer zu erstellenden Funktion, deren Wertebereich durch eine gewisse Anzahl von Bedingungen oder Restriktionen eingeschränkt wird.

Beispiel 1.1

Für eine Verkaufsaktion stellt eine Firma zwei verschiedene neue Produkte X und Y her. Aus Platzgründen können von beiden Produkten zusammen höchstens 500 Mengeneinheiten hergestellt werden, wobei von Produkt Y mindestens 100 Mengeneinheiten erforderlich sind. Für die Fertigung stehen insgesamt 40 Stunden zur Verfügung, wobei für Produkt X (pro Mengeneinheit) 8 Minuten und für Produkt Y (pro Mengeneinheit) 4 Minuten benötigt werden. Der Gewinn beim Verkauf einer Mengeneinheit von Produkt X beträgt 50€, derjenige beim Verkauf einer Mengeneinheit von Produkt Y beträgt 10€. Die Firma möchte ihren Gesamtgewinn maximieren.

Beispiel 1.2

Ein Industrieunternehmen stellt ein Produkt, bedingt durch den immer moderner werdenden Maschinenpark, durch drei verschiedene Verfahren X, Y und Z her. Der Produktionsprozess ist durch folgende Tabelle gegeben (Bedarf pro Mengeneinheit des Produkts in Abhängigkeit von den Verfahren):

	Produktion nach Verfahren			
	X	Y	Z	
Rohstoffe	5	10	5	Produktionszeit in h
Produktionszeit	15	5	10	Rohstoffbedarf in kg
Lagerraum	5	10	10	Lagerraum in m^2

Er unterliegt den folgenden Kapazitätsbeschränkungen:

Die maximal verfügbare Einsatzmenge für die Produktionszeit ist 800 h
Die maximal verfügbare Einsatzmenge für die Rohstoffe ist 700 kg
Die maximal verfügbare Einsatzmenge für den Lagerraum ist 600 m^2.

Der Gewinn beim Verkauf einer Mengeneinheit bei der Produktion nach Verfahren X beträgt 15€, derjenige beim Verkauf einer Mengeneinheit bei der Produktion nach Verfahren Y beträgt 20€ und derjenige beim Verkauf einer Mengeneinheit bei der Produktion nach Verfahren Z beträgt 15€. Die Firma möchte ihren Gesamtgewinn maximieren.

Beispiel 1.3

Dem Eishockey-Club aus Schwenningen stehen drei Varianten für seine Verteidigung zur Verfügung. Die gegnerische Mannschaft aus Freiburg verfügt über drei verschiedene Angriffsformationen. Die Erfolgsaussichten für Schwenningen (WK, dass kein Tor fällt) sind in folgender Tabelle zusammengestellt:

		Strategien für Freiburg		
		$j = 1$	$j = 2$	$j = 3$
Strategien für Schwenningen	$i = 1$	0.6	0.2	0.3
	$i = 2$	0.7	0.6	0.4
	$i = 3$	0.1	0.7	0.2

Jede der beiden Mannschaften ist bestrebt, ihren Mindestvorteil zu maximieren bzw. den maximal möglichen Vorteil des Gegners zu minimieren.

Beispiel 1.4

Am Vatertag werden die Wanderer durch ein Gewitter überrascht und suchen deshalb in den nahegelegenen Ausflugslokalen Schutz. In den vier Lokalen ist aber nicht genügend Bier vorhanden. Dieses wird unverzüglich bei der zuständigen Brauerei angefordert, die über drei verschiedene Auslieferungslager verfügt, in denen insgesamt die gewünschte Menge zur Verfügung steht. Die vier Lokale N_1, N_2, N_3 und N_4 benötigen 10 hl bzw. 30 hl bzw. 15 hl bzw. 35 hl. Diese Gesamtmenge steht in den drei Auslieferungslagern A_1, A_2 und A_3 in folgender Weise zur Verfügung: in A_1 25 hl, in A_2 25 hl und in A_3 40 hl.

Die Transportkosten pro hl von den einzelnen Auslieferungslagern zu den jeweiligen Ausflugslokalen betragen

		Ausflugslokal = Nachfrager			
		N_1	N_2	N_3	N_4
Auslieferungslager= Anbieter	A_1	10	80	40	70
	A_2	90	0	50	70
	A_3	30	60	80	10

Wie ist der Transport durchzuführen, damit die Transportkosten so klein wie möglich ausfallen?

Beispiel 1.5

Ein Unternehmen, das exklusive Schmuckartikel fertigt, stellt in einer neuen Produktlinie Ketten und Ringe her. Aufgrund von Problemen beim Einkauf von Juwelen können insgesamt höchstens 7 Produkte hergestellt werden. Außerdem können höchstens 5 Ketten hergestellt werden. Für die Fertigung stehen insgesamt 85 Tage zur Verfügung, wobei für die Herstellung einer Kette 4 Tage und für die Herstellung eines Rings 20 Tage benötigt werden. Der Gewinn beim Verkauf einer Kette beträgt 7 000€, derjenige beim Verkauf eines Rings beträgt 22 000€. Die Firma möchte ihren Gesamtgewinn maximieren.

Beispiel 1.6

Eine Fußballmannschaft besitzt unter anderem 6 Spitzenspieler. Da der Verein massiv verschuldet ist und der Lizenzentzug droht, sollen Spieler im Gesamtwert von 90 000 000€ verkauft werden. Die Spieler haben folgende Marktwerte in Mio. €: 40, 10, 30, 30, 15, 20. Im Zuge des Verkaufs erleidet der Verein aber Zuschauerverluste, die von den einzelnen Spielern abhängen (in der Reihenfolge der Marktwerte): 5 000, 3 000, 6 000, 4 500, 6 000 bzw. 5 000 Zuschauer. Minimieren Sie den Schaden unter Einhaltung des Mindesterlöses, d.h. welche Spieler müssen verkauft werden, damit der Verein seine Schulden begleichen kann und gleichzeitig möglichst wenig Zuschauer verliert?

Beispiel 1.7

Im Rahmen einer Werbekampagne können bis zu 5 unterschiedliche Projekte durchgeführt werden. Die Projektkosten und der Werbeerfolg sind in folgender Tabelle angegeben:

Projekt Nummer	Projekt-kosten (in €)	Werbeerfolg (in Personen)
1	17000	12000
2	16000	15000
3	19000	10000
4	8000	13000
5	12000	9000

Der Werbeetat beträgt 38000€. Wie ist dieser Etat auf die einzelnen Projekte zu verteilen, damit der Werbeerfolg maximal wird, wenn jedes Projekt genau einmal durchgeführt werden kann?

Beispiel 1.8

Ein Unternehmen möchte im Zuge von Personalbeschaffungsmaßnahmen 4 Anzeigen in einschlägigen Zeitungen schalten. Dabei können die Anzeigen alle in einer der 4 Zeitungen erscheinen oder sie können auch auf die verschiedenen Zeitungen verteilt werden. Aufgrund von Aufzeichnungen über vergangene Maßnahmen ist bekannt, wie viele Bewerbungen bei ein- bzw. mehrmaligem Erscheinen von Stellenanzeigen in den verschiedenen Zeitungen zu erwarten sind.

		Zeitungsname			
		Zeit	**Welt**	**FAZ**	**SZ**
Anzeigenzahl	**0**	0	0	0	0
	1	50	44	28	34
	2	77	63	48	47
	3	110	84	76	61
	4	127	92	93	70

Wie müssen die Anzeigen auf die Zeitungen verteilt werden, damit das Unternehmen möglichst viele Bewerbungen erhält?

Die Beispiele 1.9 bis 1.11 zeigen Aufgabenstellungen, die alle mit dem hochaktuellen Problem der Routenplanung verwandt sind. Gesucht sind hier kürzeste Wege in einem Graphen, einem Straßenzug, einem Versorgungsnetz oder ähnlichem.

Beispiel 1.9

Gegeben sei folgender Plan, der die möglichen Wegstrecken und deren Längen zwischen sechs verschiedenen Orten angibt. Ein Backwaren-Betrieb beliefert mehrmals täglich von Ort 1 aus sämtliche Filialen, wobei für jede Filiale ein eigener Transporter zur Verfügung steht. Welches sind die kürzesten Wege von Ort 1 zu allen anderen Orten?

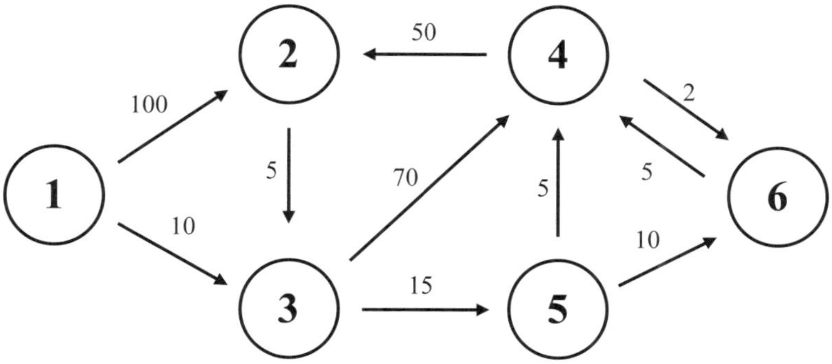

Abb. 1.1 Netzplan für Routenplaner

Beispiel 1.10

Gegeben sei der folgende Ausschnitt aus einer Landkarte mit 15 Orten. Alle eingezeichneten Straßen sind in beide Richtungen befahrbar.

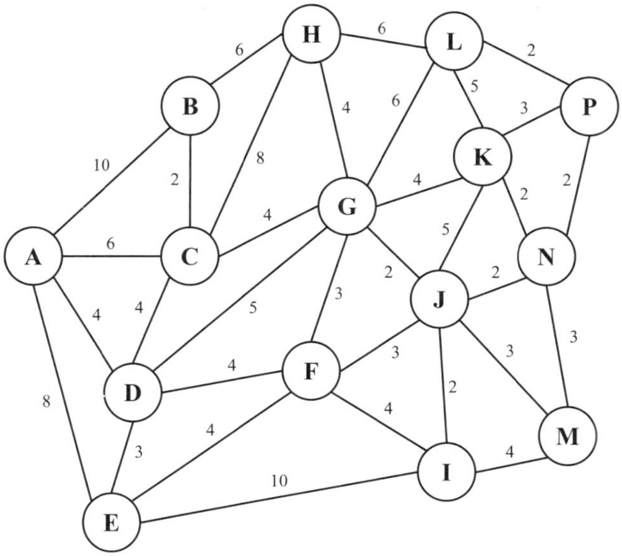

Abb. 1.2 Ausschnitt aus einer Landkarte

Ein Handelsvertreter beginnt seine Reise in der Stadt A. Er möchte an diesem Tag alle anderen 14 Orte besuchen und seine Reise wieder im Ausgangspunkt A beenden. Welche Route ist die kürzeste?

Beispiel 1.11

Für die im folgenden Schaubild dargestellten 6 Orte soll ein Gas-Versorgungsnetz geplant werden, so dass je zwei Orte (direkt oder indirekt) durch Versorgungsleitungen miteinander verbunden sind. Verzweigungspunkte befinden sich nur in den Orten selbst. Die Baukosten sind ebenfalls im Schaubild angegeben. Gesucht ist ein Versorgungsnetz mit minimalen Erstellungskosten.

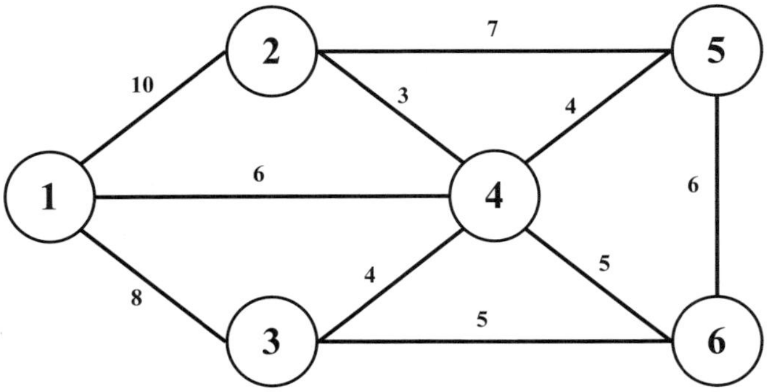

Abb. 1.3 Versorgungsnetz

Beispiel 1.12

Gegeben sei die Vorgangsliste aufgrund eines Angebots für den Einbau einer neuen EDV-Anlage:

Tätigkeit	Beschreibung	Dauer in Wochen	Vorgänger
A	Systemanalyse und Design	12	-
B	CPU-Anpassung	6	A
C	Konsolengeräte auswählen	1	A
D	Erstellen der Basisprogramme	10	A
E	Erstellen der Plausibilitäten	3	D
F	Erstellen der Individual-Software	20	D
G	Prüfen und Testen	1	B, C, E
H	Aufbau der gesamten Anlage	1	C
I	Installation und Abnahme	4	F, G, H

Beispiel 1.13

Für die Herstellung einer Lauchtorte wurden die Angaben in einem Kochbuch in folgende Vorgangsliste übertragen:

Tätigkeit	Beschreibung	Dauer in Minuten	Vorgänger	Mindestabstand zum Vorgänger
1	Zutaten einkaufen	30	-	-
2	Teigzutaten verkneten	10	1	-
3	Teig kaltstellen	1	2	-
4	Lauch putzen und zerkleinern	5	1	-
5	Fett erhitzen	1	1	-
6	Lauch andünsten	2	4 5	- -
7	Gewürze und Wein hinzufügen	10	6	-
8	Schinkenspeck in Würfel schneiden	4	1	-
9	Backform ausfetten	1	1	-
10	Teig auswellen und in die Form legen	3	3 9	30 -
11	Speck darauf verteilen	1	8 10	- -
12	Lauch und Wein/Gewürze zugeben	1	7 11	- -
13	Eier, Sahne und neue Gewürze verrühren	2	1	-
14	diese Mischung ebenfalls zugeben	1	12 13	- -
15	Torte backen	45	14	-

Wie lange dauert es bei optimaler Ausführung, bis die Torte verspeist werden kann?

Das letzte Beispiel zeigt, dass auch Optimierungsmodelle entwickelt werden müssen, die zufällige Phänomene als Bestandteil enthalten. Dazu werden Ideen aus der Stochastik oder Statistik in die Modelle einfließen.

Beispiel 1.14
Ein Eisprodukt-Hersteller produziert in einer Woche im Mittel 50 000 Portionen Fruchteis mit einer Streuung von 1 500 Portionen. Sein Gewinn beträgt pro verkaufter Portion 0.25€. Die wöchentliche Nachfrage schwankt (abhängig von den Außentemperaturen) bei einem Mittelwert von 60 000 Portionen und einer Streuung von 15 000 Portionen. Da die mittlere Nachfrage größer als die produzierte Menge ist, zieht der Hersteller Sonderschichten in Erwägung. Die in einer Sonderschicht produzierte Menge beträgt 8 000 Portionen bei einer Streuung von 400 Portionen. Aufgrund höherer Herstellungskosten verringert sich der Gewinn für die in der Sonderschicht hergestellten Portionen auf 0.20€. Jede nicht verkaufte Portion verursacht einen Schaden von 0.35€. Unter der Voraussetzung, dass Normalverteilungen den gegebenen Sachverhalt stochastisch modellieren, ist zu überprüfen, ob Sonderschichten sinnvoll sind.

Die Suche nach Lösungen zu den Fragestellungen der angeführten Beispiele führt auf ein allgemeines Vorgehensmodell, das im nächsten Abschnitt vorgestellt wird.

1.2 Vorgehensweise und Modellbildung

In der Praxis hat sich ein Vorgehensmodell durchgesetzt, das im folgenden Schaubild dargestellt ist.

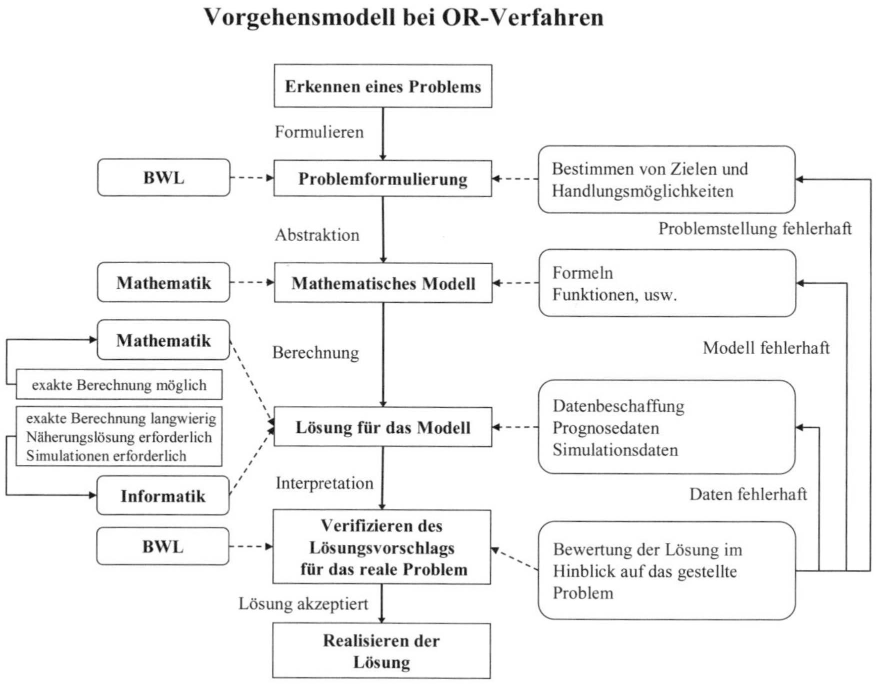

Abb. 1.4 Vorgehensmodell bei OR-Verfahren

Ersichtlich ist hier das notwendige Zusammenspiel der Disziplinen BWL, Mathematik und Informatik. Sollte beim Ablauf festgestellt werden, dass die gestellte Aufgabe nicht erfüllt werden kann, bricht das Verfahren an der entsprechenden Stelle ab.

Wie mit diesem Vorgehensmodell Problemstellungen gelöst werden, wird an einem ganz einfachen Beispiel gezeigt. Für das Beispiel sind keine OR-Kenntnisse erforderlich.

Dazu wird das **Beispiel 1.7** verwendet:

Im Rahmen einer Werbekampagne können bis zu 5 unterschiedliche Projekte durchgeführt werden. Die Projektkosten und der Werbeerfolg sind in folgender Tabelle angegeben:

Projekt Nummer	**Projekt-kosten (in €)**	**Werbeerfolg (in Personen)**
1	17 000	12 000
2	16 000	15 000
3	19 000	10 000
4	8 000	13 000
5	12 000	9 000

Der Werbeetat beträgt 38 000€. Wie ist dieser Etat auf die einzelnen Projekte zu verteilen, damit der Werbeerfolg maximal wird, wenn jedes Projekt genau einmal durchgeführt werden kann?

1. Schritt: Erkennen des Problems

Die Geschäftsleitung eines Unternehmens hat festgestellt, dass die Anzahl der Kunden erhöht werden muss. Es erfolgt der Auftrag an die Marketingabteilung, Vorschläge dazu zu entwickeln.

2. Schritt: Problemformulierung

Problem:	Das Unternehmen hat zu wenig aktive Kunden.
Ziel:	Erhöhung der Kundenanzahl.
Handlungsmöglichkeiten:	Es dürfen verschiedene Projekte durchgeführt werden, deren Kosten fest stehen und deren Erfolg durch eine Kennzahl gemessen werden kann. Außerdem steht ein gewisses Budget zur Verfügung.

3. Schritt: Mathematisches Modell

Gegeben seien:

n verschiedene Projekte $P_1, P_2, \dots, P_n$.

$k_i, 1 \leq i \leq n$ seien die Kosten des Projekts $P_i, 1 \leq i \leq n$.

$g_i, 1 \leq i \leq n$ seien der Erfolg des Projekts $P_i, 1 \leq i \leq n$.

b sei das Budget, das zur Verfügung steht.

Jedes Projekt kann nur einmal durchgeführt werden, da sich bei einer Wiederholung kein zusätzlicher Erfolg einstellen würde.

$$x_i = \begin{cases} 0, & \text{falls } P_i \text{ nicht durchgeführt wird} \\ 1, & \text{falls } P_i \text{ durchgeführt wird} \end{cases}$$ sind die zu bestimmenden Variablen.

Dann gilt:

Gesucht sind $x_i \in \{0,1\}, 1 \leq i \leq n$, so dass

$$k = \sum_{i=1}^{n} x_i \cdot k_i \leq b \text{ gilt und gleichzeitig}$$

$$z = \sum_{i=1}^{n} x_i \cdot g_i \text{ maximal wird.}$$

4. Schritt: Lösung für das Modell

Die Daten werden aus der gegebenen Tabelle abgelesen.

Dann gilt:

Gesucht sind $x_i \in \{0,1\}, 1 \leq i \leq 5$, so dass

$$\sum_{i=1}^{5} x_i \cdot k_i = 17\,000x_1 + 16\,000x_2 + 19\,000x_3 + 8\,000x_4 + 12\,000x_5 \leq 38\,000$$

gilt und gleichzeitig

$$z = \sum_{i=1}^{5} x_i \cdot g_i = 12\,000x_1 + 15\,000x_2 + 10\,000x_3 + 13\,000x_4 + 9\,000x_5$$

maximal wird.

Die Lösung wird durch Abarbeiten aller $2^5 = 32$ möglichen Kombinationen der verschiedenen Wertebelegungen aller $x_i \in \{0,1\}, 1 \leq i \leq 5$ ganz elementar bestimmt.

x_1	x_2	x_3	x_4	x_5	Gesamtkosten: $\sum_{i=1}^{5} x_i \cdot k_i$	Gilt: $k \leq 38000$	Gewinn: $\sum_{i=1}^{5} x_i \cdot g_i$
0	0	0	0	0	0	x	0
0	0	0	0	1	12000	x	9000
0	0	0	1	0	8000	x	13000
0	0	0	1	1	20000	x	22000
0	0	1	0	0	19000	x	10000
0	0	1	0	1	31000	x	19000
0	0	1	1	0	27000	x	23000
0	0	1	1	1	39000		
0	1	0	0	0	16000	x	15000
0	1	0	0	1	28000	x	24000
0	1	0	1	0	24000	x	28000
0	1	0	1	1	36000	x	37000
0	1	1	0	0	35000	x	25000
0	1	1	0	1	47000		
0	1	1	1	0	43000		
0	1	1	1	1	55000		
1	0	0	0	0	17000	x	12000
1	0	0	0	1	29000	x	21000
1	0	0	1	0	25000	x	25000
1	0	0	1	1	37000	x	34000
1	0	1	0	0	36000	x	22000
1	0	1	0	1	48000		
1	0	1	1	0	44000		
1	0	1	1	1	56000		
1	1	0	0	0	33000	x	27000
1	1	0	0	1	45000		
1	1	0	1	0	41000		
1	1	0	1	1	53000		
1	1	1	0	0	52000		
1	1	1	0	1	64000		
1	1	1	1	0	60000		
1	1	1	1	1	72000		

Es werden für alle möglichen Kombinationen die gesamten Kosten berechnet. Anschließend wird überprüft, welche dieser Kombinationen das Budget nicht überschreiten. Für all diese Kombinationen wird der mögliche Gewinn (gesamte Anzahl der gewonnenen Neukunden) berechnet. Unter all diesen Gewinnen wird dann das Maximum gesucht.

Der Tabelle entnimmt man dann die Lösung:

Werden die Projekte 2, 4 und 5 durchgeführt, so wird der größtmögliche Werbeerfolg unter Einhaltung des Budgets mit 37 000 Neukunden erzielt.

5. Schritt: Verifizieren des Lösungsvorschlags

Da sowohl das Modell als auch die Eingangsdaten und der Lösungsweg fehlerfrei sind, kann die erhaltene Lösung vollständig übernommen werden.

6. Schritt: Realisieren der Lösung

Es erfolgt die praktische Umsetzung der vorgeschlagenen Werbemaßnahmen.

Bemerkung: Es wurde absichtlich auf den Einsatz mathematischer Optimierungsmethoden verzichtet, um das Beispiel nicht unnötig zu überladen. Bei einer relativ großen Anzahl von Projekten und einem relativ hohen Budget wird das Finden der Lösung durch Ausprobieren aller theoretischen Möglichkeiten schlicht und ergreifend an der zur Verfügung stehenden Zeit scheitern. Abhilfe schaffen dann tatsächlich OR-Verfahren oder eine Umsetzung durch ein Software-Programm.

1.3 Teilgebiete des Operations Research

Abhängig von den Aufgabenstellungen und den mathematischen Modellierungen bzw. Lösungswegen wird das gesamte Operations Research in Teilgebiete unterteilt. Die folgende Zusammenstellung zeigt alle in diesem Werk besprochenen Themen und erhebt keinen Anspruch auf Vollständigkeit.

Teilgebiet	**Aufgabenstellung**	**Referenzbeispiele**
Lineare Optimierung	Minimierung bzw. Maximierung einer oder mehrerer linearer Zielfunktionen unter einem System von linearen Nebenbedingungen.	1.1 1.2
Spieltheorie	Untersuchung von Wettbewerbssituationen (Kampagnen, Werbe- und Marketingstrategien der Konkurrenz, militärische Schlachten).	1.3
Transportprobleme	Transport von mehreren Ausgangsorten zu mehreren Bestimmungsorten um die Gesamttransportkosten zu minimieren.	1.4
Ganzzahlige Optimierung	wie lineare Optimierung, nur dürfen hier die Variablen nur ganze Zahlen oder Binärzahlen annehmen.	1.5-1.8
Graphentheorie	Verfahren und Modelle zur Bestimmung kürzester Wege oder maximaler bzw. kostenminimaler Flüsse in Graphen.	1.9-1.11
Netzplantechnik	Planungsmodelle zur Überwachung und Kontrolle von Abläufen oder Projekten.	1.12-1.13
Simulation	Untersuchung komplexer stochastischer Modelle.	1.14

Bei anderen Teilgebieten, die in der Tabelle nicht zu finden sind, wird der Leser auf die einschlägige weiterführende Literatur (alle im Literaturverzeichnis angegebenen Quellen) verwiesen. Die Umsetzung vieler Algorithmen in JAVA-Programme findet man in Heinrich und Grass (2006).

1.4 Aufgaben

Aufgabe 1

Erstellen Sie das mathematische Modell für Beispiel 1.2.

Aufgabe 2

Erstellen Sie das mathematische Modell für Beispiel 1.4.

Aufgabe 3

Erstellen Sie das mathematische Modell für Beispiel 1.6.

2 Lineare Optimierung mit zwei Variablen

Die lineare Optimierung beschäftigt sich mit der Maximierung bzw. Minimierung einer linearen Zielfunktion mit n Variablen unter einem System von Nebenbedingungen, das in Form eines Systems von linearen Ungleichungen mit ebenfalls n Variablen gegeben ist.

Da die mathematische Lösung bei nur zwei Variablen durchaus anders ist als bei Systemen, für die $n \geq 3$ gilt, wird in diesem Kapitel nur der Fall $n = 2$ behandelt. Der Fall $n \geq 3$ wird dann im folgenden Kapitel besprochen.

2.1 Einführung, Beispiel und mathematisches Modell

Die Maximierung bzw. Minimierung einer linearen Zielfunktion mit 2 Variablen unter einem System von Nebenbedingungen, das in Form eines Systems von linearen Ungleichungen mit ebenfalls 2 Variablen vorliegt, ist das Aufgabengebiet der zweidimensionalen linearen Optimierung.

Beispiel 2.1

Für eine Verkaufsaktion stellt eine Firma zwei verschiedene neue Produkte X und Y her. Aus Platzgründen können von beiden Produkten zusammen höchstens 500 Mengeneinheiten hergestellt werden, wobei von Produkt Y mindestens 100 Mengeneinheiten erforderlich sind. Für die Fertigung stehen insgesamt 40 Stunden zur Verfügung, wobei für Produkt X (pro Mengeneinheit) 8 Minuten und für Produkt Y (pro Mengeneinheit) 4 Minuten benötigt werden. Der Gewinn beim Verkauf einer Mengeneinheit von Produkt X beträgt 50€, derjenige beim Verkauf einer Mengeneinheit von Produkt Y beträgt 10€. Die Firma möchte ihren Gesamtgewinn maximieren.

Bezeichnet man die Anzahl der hergestellten Produkte X mit x_1 und die Anzahl der hergestellten Produkte Y mit x_2, so folgt aus den Angaben:

Restriktion aus Platzgründen: $x_1 + x_2 \leq 500$

Restriktion für Produkt Y: $x_2 \geq 100$

Restriktion für die Arbeitszeit: $8x_1 + 4x_2 \leq 2400$

Gleichung für den Gesamtgewinn: $z = 50x_1 + 10x_2 = \max.$

Die drei Restriktionen stellen das System linearer Ungleichungen dar, die Gleichung für den Gesamtgewinn ist die Zielfunktion, die maximiert werden soll.

Aus diesem Beispiel kann sofort das mathematische Modell abgeleitet werden.

Mathematisches Modell der linearen Optimierung mit zwei Variablen

Gegeben sei ein lineares Ungleichungssystem mit m Ungleichungen und zwei Variablen der Form

$$\begin{aligned} a_{11} \cdot x_1 &+ a_{12} \cdot x_2 \leq b_1 \\ a_{21} \cdot x_1 &+ a_{22} \cdot x_2 \leq b_2 \\ &\vdots \\ a_{m1} \cdot x_1 &+ a_{m2} \cdot x_2 \leq b_m \end{aligned}$$

Maximiere bzw. minimiere die lineare Zielfunktion $z = c_1 \cdot x_1 + c_2 \cdot x_2$ mit $a_{ij} \in \mathbb{R}, 1 \leq i \leq m, 1 \leq j \leq 2, b_i \in \mathbb{R}, 1 \leq i \leq m$ und $c_k \in \mathbb{R}, 1 \leq k \leq 2$.

2.2 Lösungsverfahren und durchgerechnetes Beispiel

Um ein Verfahren bzw. einen Algorithmus zur Lösung dieses Modells zu finden, genügen einige Vorüberlegungen.

1. Die Lösung eines linearen Ungleichungssystems mit zwei Variablen wird ermittelt als Schnittmenge von Halbebenen. Hier kommen nur folgende Fälle in Betracht:
   - leere Menge
   - ein Punkt
   - eine Strecke
   - eine Halbgerade
   - eine Gerade
   - ein $n -$ Eck
   - ein Streifen oder
   - ein unbeschränktes $n -$ Eck.
2. Da die Zielfunktion geometrisch eine Ebene darstellt, können die Extremwerte nur auf dem Rand der Lösungsmenge liegen.
3. Alle gemeinsamen Punkte der Lösungsmenge und der Geraden mit der Gleichung $c_1 \cdot x_1 + c_2 \cdot x_2 = c, c \in \mathbb{R}$ führen auf den Funktionswert c der Zielfunktion. Folglich erhält man die maximalen Werte für das größtmögliche c, für das die Gerade noch gemeinsame Punkte mit der Lösungsmenge hat. Analog dazu erhält man die minimalen Werte für das kleinstmögliche c, für das die Gerade noch gemeinsame Punkte mit der Lösungsmenge hat.

Algorithmus zur linearen Optimierung mit zwei Variablen

Schritt 1: Definition der Variablen und Formulieren des linearen Ungleichungssystems und der Zielfunktion

Schritt 2: Bestimmung der Lösungsmenge des linearen Ungleichungssystems. Dies geschieht mittels eines Schaubilds. Diese Menge wird der zulässige Bereich genannt.

Schritt 3: Rechnerische Lösung:

- Berechnung aller Eckpunkte des zulässigen Bereichs
- Berechnung des Wertes der Zielfunktion in allen Eckpunkten
- Liegt der Extremwert nur in einem Eckpunkt vor, so ist dies die einzige Lösung. Liegen die Extremwerte in zwei benachbarten Eckpunkten vor, dann sind alle Punkte auf der Strecke zwischen diesen Punkten die Extremwerte.

Zeichnerische Lösung:

Schiebt man eine Gerade mit der Steigung $-\frac{c_1}{c_2}, c_2 \neq 0$ von oben an den zulässigen Bereich heran, bis sie diesen berührt, so erhält man alle maximalen Werte.

Schiebt man eine Gerade mit der Steigung $-\frac{c_1}{c_2}, c_2 \neq 0$ von unten an den zulässigen Bereich heran, bis sie diesen berührt, so erhält man alle minimalen Werte.

Für $c_2 = 0$ schiebt man eine Gerade parallel zur x_2 – Achse von links bzw. von rechts an den zulässigen Bereich heran, bis sie diesen berührt.

Beispiel 2.1 (Fortsetzung)

Für eine Verkaufsaktion stellt eine Firma zwei verschiedene neue Produkte X und Y her. Aus Platzgründen können von beiden Produkten zusammen höchstens 500 Mengeneinheiten hergestellt werden, wobei von Produkt Y mindestens 100 Mengeneinheiten erforderlich sind. Für die Fertigung stehen insgesamt 40 Stunden zur Verfügung, wobei für Produkt X (pro Mengeneinheit) 8 Minuten und für Produkt Y (pro Mengeneinheit) 4 Minuten benötigt werden. Der Gewinn beim Verkauf einer Mengeneinheit von Produkt X beträgt 50€, derjenige beim Verkauf einer Mengeneinheit von Produkt Y beträgt 10€. Die Firma möchte ihren Gesamtgewinn maximieren.

Lösung:

1. Definition der Variablen:

   x_1 sei die Anzahl der hergestellten Produkte X

   x_2 sei die Anzahl der hergestellten Produkte Y.

   Formulierung des linearen Ungleichungssystems:

   $$x_1 + x_2 \leq 500$$
   $$x_2 \geq 100$$
   $$8x_1 + 4x_2 \leq 2400.$$

   Formulierung der Zielfunktion:

   $$z = 50x_1 + 10x_2 = \max.$$

2. Bestimmung der Lösungsmenge des linearen Ungleichungssystems:

   Alle Ungleichungen werden nach x_2 aufgelöst und die dazugehörigen Geraden bzw. Halbebenen in ein kartesisches Koordinatensystem eingezeichnet. Anschließend wird der zulässige Bereich ermittelt.

   $$x_1 + x_2 \leq 500 \Rightarrow x_2 \leq 500 - x_1$$
   $$x_2 \geq 100$$

$$8x_1 + 4x_2 \leq 2\,400 \;\Rightarrow x_2 \leq 600 - 2x_1.$$

Im folgenden Schaubild sind der zulässige Bereich (gefärbt) und die Eckpunkte dargestellt:

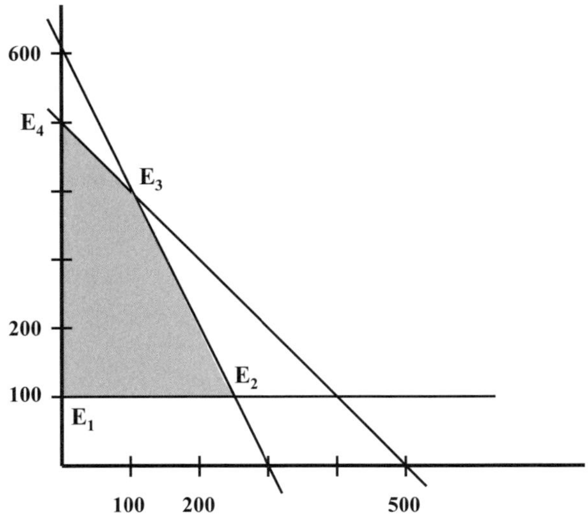

Abb. 2.1 zulässiger Bereich und Eckpunkte

3. Rechnerische Lösung:

Berechnung aller Eckpunkte des zulässigen Bereichs:

E_1 ergibt sich als Schnittpunkt der Geraden $x_1 = 0$ und $x_2 = 100$.
Also ist $E_1(0, 100)$.

E_2 ergibt sich als Schnittpunkt der Geraden $x_2 = 100$ und $x_2 = 600 - 2x_1$.
Aus $100 = 600 - 2x_1$ folgen $x_1 = 250$ und $x_2 = 100$.
Also ist $E_2(250, 100)$.

E_3 ergibt sich als Schnittpunkt der Geraden $100 = 600 - 2x_1$ und $x_2 = 500 - x_1$.
Aus $600 - 2x_1 = 500 - x_1$ folgen $x_1 = 100$ und $x_2 = 400$.
Also ist $E_3(100, 400)$.

E_4 ergibt sich als Schnittpunkt der Geraden $x_2 = 500 - x_1$ und $x_1 = 0$.
Also ist $E_4(0, 500)$.

Berechnung des Wertes der Zielfunktion in allen Eckpunkten:

Eckpunkt	$E_1(0,100)$	$E_2(250,100)$	$E_3(100,400)$	$E_4(0,500)$
$z = 50x_1 + 10x_2$	1000	13500	9000	5000

Also liegt das Maximum im Eckpunkt $E_2(250, 100)$ vor.

Stellt die Firma 250 Produkte X und 100 Produkte Y her, so ist der maximale Gesamtgewinn 13 500€.

Zeichnerische Lösung:

Schiebt man eine Gerade mit der Steigung $m = -\frac{5}{1} = -5$ von oben an den zulässigen Bereich heran, so trifft diese den Bereich im Eckpunkt $E_2(250, 100)$.

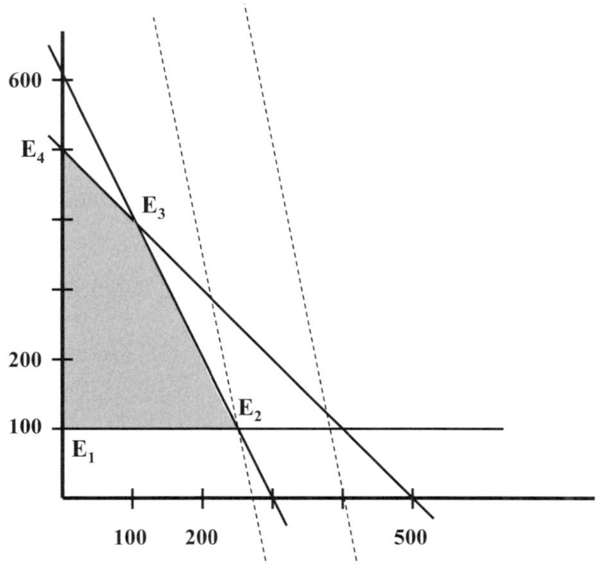

Abb. 2.2 zulässiger Bereich und Zielfunktion

Also liegt das Maximum im Eckpunkt $E_2(250, 100)$ vor.

Stellt die Firma 250 Produkte X und 100 Produkte Y her, so ist der maximale Gesamtgewinn 13 500€.

2.3 Aufgaben

Aufgabe 1

Ein Händler stellt auf einer Messe zwei neue Produkte vor. Dabei möchte er für das erste Produkt zwischen 10 m^2 und 40 m^2 seiner zur Verfügung stehenden Fläche verwenden. Für das zweite Produkt möchte er zwischen 12 m^2 und 50 m^2 seiner zur Verfügung stehenden Fläche verwenden. Es steht ihm eine Fläche von höchstens 70 m^2 zur Verfügung. Für die gesamte Vorbereitung des Messestands stehen ihm 500 Stunden zur Verfügung, wobei er für das erste Produkt pro m^2 Fläche 10 Stunden und für das zweite Produkt pro m^2 Fläche 5 Stunden benötigt.

Pro m^2 Fläche für das erste Produkt erhofft er sich ein Kundeninteresse von 50 Kunden, pro m^2 Fläche für das zweite Produkt erhofft er sich ein Kundeninteresse von 20 Kunden.

Der Händler möchte das Kundeninteresse maximieren.

a) Stellen Sie das mathematische Modell auf.
b) Wie muss der Händler seinen Messestand (bezüglich der Flächen für die beiden Produkte) aufteilen, um möglichst viele Kunden für sich zu interessieren?

Aufgabe 2

Der Automobilkonzern Fahrschnell stellt an zwei Fertigungsstätten PKWs und LKWs her. Im ersten Werk, in dem die Montage durchgeführt wird, werden 5 Manntage pro LKW und 2 Manntage pro PKW benötigt. Im zweiten Werk, in dem die Auslieferung vorbereitet wird, werden pro PKW und pro LKW jeweils 3 Manntage benötigt. Die gesamte Kapazität des ersten Werks beträgt 180 Manntage pro Woche und die des zweiten Werks 135 Manntage pro Woche. Pro LKW verdient der Konzern 3 000€ und pro PKW 2 000€.

a) Stellen Sie das mathematische Modell auf.
b) Wie viele PKWs und LKWs müssen pro Woche hergestellt werden, damit der Gesamtgewinn maximal wird? Wie groß ist dieser dann?

Aufgabe 3

Ein Betrieb stellt zwei Produkte her, die jeweils von zwei Maschinen bearbeitet werden. Die Herstellung einer Mengeneinheit des ersten Produkts benötigt 2 Stunden auf Maschine A und eine Stunde auf Maschine B und bringt einen Gewinn von 100€. Die Herstellung einer Mengeneinheit des zweiten Produkts benötigt eine Stunde auf Maschine A und zwei Stunden auf Maschine B und bringt ebenfalls einen Gewinn von 100€. Jede Maschine hat eine Maximalkapazität von 600 Stunden.

Wie viele Mengeneinheiten der beiden Produkte müssen produziert werden, damit der Gewinn maximal wird?

Aufgabe 4

Ein Unternehmen bezieht Rohstoffe aus zwei Firmen A und B. Es muss von Firma A mindestens 50 Tonnen und von Firma B mindestens 60 Tonnen abnehmen. Firma A kann höchstens 400 Tonnen und Firma B höchstens 200 Tonnen liefern. Das Unternehmen hat eine maximale Aufnahmemenge von 500 Tonnen.

a) Der Reingewinn beim Verkauf beträgt 900€ bzw. 600€ pro verarbeiteter Tonne Rohstoff aus Firma A bzw. B. Bei welchen Abnahmemengen ist der Gesamtgewinn maximal?
b) Der Reingewinn beim Verkauf beträgt 900€ bzw. 900€ pro verarbeiteter Tonne Rohstoff aus Firma A bzw. B. Bei welchen Abnahmemengen ist der Gesamtgewinn jetzt maximal?

Aufgabe 5

Für eine Investition werden mindestens 230 000€ Fremdkapital benötigt. Es liegen zwei unterschiedliche Kreditangebote vor:

Angebot A: 3% Zinsen und 1% Tilgung

Angebot B: 2.5% Zinsen und 2.5% Tilgung.

Beim Angebot A ist der Kredit auf maximal 160 000€ beschränkt. Die jährliche Belastung darf 10 000€ nicht überschreiten.

Wie sind die beiden Angebote zu kombinieren, so dass die Zinsen, die für das erste Jahr gezahlt werden müssen, minimal sind?

Aufgabe 6

Ein Schreiner hat sich auf die Herstellung von Stühlen spezialisiert. Er stellt zwei unterschiedliche Versionen her. Die benötigte Arbeitszeit bei Version A beträgt 7 Stunden, bei Version B dagegen 8 Stunden. Der Schreiner kann höchstens 23 Stühle herstellen, wobei er aufgrund von fertigungstechnischen Gründen von Version B höchstens 14 Stück herstellen kann. Seine maximale Arbeitszeit beträgt 4 Wochen zu jeweils 42 Stunden. Der Gewinn beim anschließenden Verkauf beträgt 100€ beim Verkauf eines Stuhls der Version A und 120€ beim Verkauf eines Stuhls der Version B.

Bei welcher Mengenkombination wird sein Gewinn maximal?

3 Lineare Optimierung mit drei und mehr Variablen

In diesem Abschnitt wird der allgemeine Fall der linearen Optimierung mit drei und mehr Variablen betrachtet.

3.1 Einführung, Beispiel und mathematisches Modell

Die Maximierung bzw. Minimierung einer linearen Zielfunktion mit drei und mehr Variablen unter einem System von Nebenbedingungen, das in Form eines Systems von linearen Ungleichungen mit ebenfalls drei und mehr Variablen vorliegt, ist das Aufgabengebiet der mehrdimensionalen linearen Optimierung.

Beispiel 3.1

Ein Industrieunternehmen stellt ein Produkt, bedingt durch den immer moderner werdenden Maschinenpark, durch drei verschiedene Verfahren X, Y und Z her. Der Produktionsprozess ist durch folgende Tabelle gegeben (Bedarf pro Mengeneinheit des Produkts in Abhängigkeit von den Verfahren):

	Produktion nach Verfahren			
	X	Y	Z	
Rohstoffe	5	10	5	Produktionszeit in h
Produktionszeit	15	5	10	Rohstoffbedarf in kg
Lagerraum	5	10	10	Lagerraum in m^2

Er unterliegt den folgenden Kapazitätsbeschränkungen:

Die maximal verfügbare Einsatzmenge für die Produktionszeit ist	800 h
Die maximal verfügbare Einsatzmenge für die Rohstoffe ist	700 kg
Die maximal verfügbare Einsatzmenge für den Lagerraum ist	600 m^2.

Der Gewinn beim Verkauf einer Mengeneinheit bei der Produktion nach Verfahren X beträgt 15€, derjenige beim Verkauf einer Mengeneinheit bei der Produktion nach Verfahren Y beträgt 20€ und derjenige beim Verkauf einer Mengeneinheit bei der Produktion nach Verfahren Z beträgt 15€. Die Firma möchte ihren Gesamtgewinn maximieren.

Bezeichnet man die Anzahl der hergestellten Mengeneinheiten nach Verfahren X mit x_1, die Anzahl der hergestellten Mengeneinheiten nach Verfahren Y mit x_2 und die Anzahl der hergestellten Mengeneinheiten nach Verfahren Z mit x_3, so folgt aus den Angaben:

Restriktion für die Produktionszeit: $5x_1 + 10x_2 + 5x_3 \leq 800$

Restriktion für die Rohstoffe: $15x_1 + 5x_2 + 10x_3 \leq 700$

Restriktion für den Lagerraum: $5x_1 + 10x_2 + 10x_3 \leq 600$

Gleichung für den Gesamtgewinn: $z = 15x_1 + 20x_2 + 15x_3 = \max.$

Die drei Restriktionen stellen das System linearer Ungleichungen dar, die Gleichung für den Gesamtgewinn ist die Zielfunktion, die maximiert werden soll.

Aus diesem Beispiel kann sofort das mathematische Modell abgeleitet werden.

Mathematisches Modell der linearen Optimierung mit drei und mehr Variablen

Gegeben sei ein lineares Ungleichungssystem mit m Ungleichungen und n Variablen der Form

$$
\begin{aligned}
a_{11} \cdot x_1 + a_{12} \cdot x_2 + \cdots + a_{1n} \cdot x_n &\leq b_1 \\
a_{21} \cdot x_1 + a_{22} \cdot x_2 + \cdots + a_{2n} \cdot x_n &\leq b_2 \\
&\vdots \\
a_{m1} \cdot x_1 + a_{m2} \cdot x_2 + \cdots + a_{mn} \cdot x_n &\leq b_m
\end{aligned}
$$

Maximiere bzw. minimiere die lineare Zielfunktion $z = c_1 \cdot x_1 + c_2 \cdot x_2 + \cdots c_n \cdot x_n$,

$x_j \geq 0, 1 \leq j \leq n$ mit $a_{ij} \in \mathbb{R}, 1 \leq i \leq m, 1 \leq j \leq n, b_i \in \mathbb{R}, 1 \leq i \leq m$ und

$c_k \in \mathbb{R}, 1 \leq k \leq n$.

3.2 Lösungsverfahren und durchgerechnetes Beispiel

Im nächsten Abschnitt wird am Beispiel 13.1 ein Verfahren zur Lösung vorgestellt: der *Simplex-Algorithmus*.

3.2.1 Vorüberlegungen zum Simplex-Algorithmus

Beispiel 3.1 (Fortsetzung)

$$
\begin{aligned}
5x_1 + 10x_2 + 5x_3 &\leq 800 \\
15x_1 + 5x_2 + 10x_3 &\leq 700 \\
5x_1 + 10x_2 + 10x_3 &\leq 600 \\
z = 15x_1 + 20x_2 + 15x_3 &= \max.
\end{aligned}
$$

Es wird ein Punkt (x_1, x_2, x_3) gesucht, der alle Ungleichungen erfüllt und die Zielfunktion möglichst groß macht.

Um im später vorgestellten Algorithmus nicht immer zwischen Maximierungs- und Minimierungsproblemen unterscheiden zu müssen, verwendet man den folgenden, aus der reinen Mathematik bestens bekannten Sachverhalt:

Das Maximum der Funktion $f(x)$ ist im Falle der Existenz an der gleichen Stelle wie das Minimum der Funktion $-f(x)$.

Dadurch wird unser Problem bezüglich der Zielfunktion umgestellt:

$$\begin{aligned} 5x_1 + 10x_2 + 5x_3 &\leq 800 \\ 15x_1 + 5x_2 + 10x_3 &\leq 700 \\ 5x_1 + 10x_2 + 10x_3 &\leq 600 \\ z = -15x_1 - 20x_2 - 15x_3 &= \min. \end{aligned}$$

Im nächsten Schritt wird aus dem Ungleichungssystem ein lineares Gleichungssystem konstruiert. Es müssen deshalb drei neue Variablen (die positiv oder gleich 0 sind) in das Gleichungssystem eingefügt werden:

$$\begin{aligned} 5x_1 + 10x_2 + 5x_3 + z_1 &= 800 \\ 15x_1 + 5x_2 + 10x_3 + z_2 &= 700 \\ 5x_1 + 10x_2 + 10x_3 + z_3 &= 600 \\ z = -15x_1 - 20x_2 - 15x_3 &= \min. \end{aligned}$$

Löst man das neue Gleichungssystem nach den neuen Variablen z_1, z_2 und z_3 auf, so erhält man

$$\begin{aligned} z_1 &= 800 - 5x_1 - 10x_2 - 5x_3 \\ z_2 &= 700 - 15x_1 - 5x_2 - 10x_3 \\ z_3 &= 600 - 5x_1 - 10x_2 - 10x_3 \\ z &= - 15x_1 - 20x_2 - 15x_3 \,. \end{aligned}$$

In diesem Gleichungssystem werden die neuen Variablen z_1, z_2 und z_3 in Abhängigkeit der alten Variablen x_1, x_2 und x_3 dargestellt. Dieser Sachverhalt wird im Simplex-Algorithmus eine wichtige Rolle spielen.

Startet man nun in einem Iterationsverfahren in einem Punkt, der nachweislich das Ungleichungssystem erfüllt, etwa im Punkt $P_1(0,0,0)$, so kann man im letzten Gleichungssystem sofort die Werte

$$\begin{aligned} z_1 &= 800 \\ z_2 &= 700 \\ z_3 &= 600 \\ z &= 0 \end{aligned}$$

berechnen.

Im nächsten Schritt wird versucht, ausgehend vom Punkt $P_1(0,0,0)$, eine der drei Variablen x_1, x_2 und x_3 so groß wie möglich zu machen, damit die Zielfunktion

$z = -15x_1 - 20x_2 - 15x_3$ so klein wie möglich wird.

Da der Koeffizient von x_2 der kleinste ist, wird x_2 so groß wie möglich gemacht. Als Folge davon müssen dann die beiden anderen Variablen gleich 0 sein: $x_1 = x_3 = 0$.

Setzt man dies in das Gleichungssystem ein, so folgt

$$\begin{aligned} z_1 &= 800 - 10x_2 \\ z_2 &= 700 - 5x_2 \\ z_3 &= 600 - 10x_2. \end{aligned}$$

Da die Variablen z_1, z_2 und z_3 positiv oder gleich 0 sind folgt

$$\begin{aligned} z_1 &= 800 - 10x_2 \geq 0 \Rightarrow x_2 \leq 80 \\ z_2 &= 700 - 5x_2 \geq 0 \Rightarrow x_2 \leq 140 \\ z_3 &= 600 - 10x_2 \geq 0 \Rightarrow x_2 \leq 60\,. \end{aligned}$$

Damit alle drei Ungleichungen erfüllt sind, kann x_2 höchstens gleich 60 sein.

Man gelangt also zum neuen Punkt $P_2(0, 60, 0)$.

Da jetzt $x_2 = 60$ und $z_3 = 0$ gilt, haben diese beiden Variablen ihre Rollen im Gleichungssystem getauscht. Und genau dieser Austausch wird jetzt noch vollständig durchgeführt.

Die zweite Gleichung, aus der $x_2 = 60$ bestimmt wurde, wird jetzt nach x_2 aufgelöst:

$$z_3 = 600 - 5x_1 - 10x_2 - 10x_3 \Rightarrow x_2 = 60 - \frac{1}{2}x_1 - \frac{1}{10}z_3 - x_3.$$

Dieser Ausdruck für x_2 wird im Gleichungssystem noch in die beiden verbleibenden Gleichungen und in die Zielfunktion eingesetzt:

$$\begin{aligned} z_1 &= 800 - 5x_1 - 10 \cdot \left(60 - \frac{1}{2}x_1 - \frac{1}{10}z_3 - x_3\right) - 5x_3 \\ z_2 &= 700 - 15x_1 - 5 \cdot \left(60 - \frac{1}{2}x_1 - \frac{1}{10}z_3 - x_3\right) - 10x_3 \\ z &= -15x_1 - 20 \cdot \left(60 - \frac{1}{2}x_1 - \frac{1}{10}z_3 - x_3\right) - 15x_3\ . \end{aligned}$$

Zusammengefasst stellt sich das Gleichungssystem in neuer Gestalt vor:

$$\begin{aligned} z_1 &= 200 + z_3 + 5x_3 \\ z_2 &= 400 - \frac{25}{2}x_1 + \frac{1}{2}z_3 - 5x_3 \\ x_2 &= 60 - \frac{1}{2}x_1 - \frac{1}{10}z_3 - x_3 \\ z &= -1\,200 - 5x_1 + 2x_2 + 5x_3 \end{aligned}$$

Da $x_1 = x_3 = z_3 = 0$ gilt, folgt sofort

$$\begin{aligned} z_1 &= 200 \\ z_2 &= 400 \\ x_2 &= 60 \\ z &= -1\,200 \end{aligned}$$

Formt man das neue Gleichungssystem noch so um, dass alle Variablen auf der linken Seite sind, so folgt

$$\begin{aligned} - z_3 - 5x_3 + z_1 &= 200 \\ \frac{25}{2}x_1 - \frac{1}{2}z_3 + 5x_3 + z_2 &= 400 \\ \frac{1}{2}x_1 + \frac{1}{10}z_3 + x_3 + x_2 &= 60 \\ z = -5x_1 + 2z_3 + 5x_3 - 1\,200 &= \min. \end{aligned}$$

Aus diesem Gleichungssystem liest man jetzt ab: $P_2(0, 60, 0)$ und $z = -1\,200$.

Man hat einen neuen Punkt $P_2(0, 60, 0)$ erhalten. Der Wert der Zielfunktion ist besser als derjenige des Punktes $P_1(0, 0, 0)$.

Dieses Verfahren wird jetzt iterativ so lange durchgeführt, bis es keine negativen Koeffizienten in der Zielfunktion mehr gibt.

Unbefriedigend an der ganzen Sache ist allerdings die umfangreiche Berechnung, die auf das neue Gleichungssystem führt.

Ausgangsgleichungssystem:

$$\begin{aligned}
5x_1 + 10x_2 + \ \ 5x_3 + z_1 \qquad\qquad &= 800 \\
15x_1 + \ \ 5x_2 + 10x_3 \qquad + z_2 \qquad &= 700 \\
5x_1 + 10x_2 + 10x_3 \qquad\qquad + z_3 &= 600 \\
z = -15x_1 - 20x_2 - 15x_3 &= \min.
\end{aligned}$$

Neues Gleichungssystem:

$$\begin{aligned}
- \quad z_3 - 5x_3 + z_1 \qquad\qquad &= 200 \\
\frac{25}{2}x_1 - \frac{1}{2}z_3 + 5x_3 \qquad + z_2 \qquad &= 400 \\
\frac{1}{2}x_1 + \frac{1}{10}z_3 + \ \ x_3 \qquad\qquad + x_2 &= \ \ 60 \\
z = -5x_1 + 2z_3 + 5x_3 - 1\,200 &= \min.
\end{aligned}$$

Deshalb werden beide Gleichungssysteme in einer kürzeren Darstellungsform, nämlich in einer Tabelle, geschrieben:

	x_1	x_2	x_3	
z_1	5	10	5	800
z_2	15	5	10	700
z_3	5	10	10	600
	−15	−20	−15	0

	x_1	z_3	x_3	
z_1	0	−1	−5	200
z_2	25/2	−1/2	5	400
x_2	1/2	1/10	1	60
	−5	2	5	1 200

Wünschenswert wäre jetzt ein Verfahren, das relativ zügig aus der ersten Tabelle die zweite Tabelle bestimmt.

Dieses Verfahren, der primale Simplex-Algorithmus, wird im nächsten Abschnitt vorgestellt.

3.2.2 Der primale Simplex-Algorithmus

Mathematisches Modell der linearen Optimierung mit drei und mehr Variablen für den primalen Simplex-Algorithmus

Gegeben sei ein lineares Ungleichungssystem mit m Ungleichungen und n Variablen der Form

$$\begin{aligned}
a_{11} \cdot x_1 \ + \ a_{12} \cdot x_2 \ + \cdots + \ a_{1n} \cdot x_n \ &\leq \ b_1 \\
a_{21} \cdot x_1 \ + \ a_{22} \cdot x_2 \ + \cdots + \ a_{2n} \cdot x_n \ &\leq \ b_2 \\
&\vdots \\
a_{m1} \cdot x_1 \ + \ a_{m2} \cdot x_2 \ + \cdots + \ a_{mn} \cdot x_n \ &\leq \ b_m
\end{aligned}$$

und eine lineare Zielfunktion $z = c_1 \cdot x_1 + c_2 \cdot x_2 + \cdots c_n \cdot x_n$ mit
$a_{ij} \in \mathbb{R}^+, 1 \leq i \leq m, 1 \leq j \leq n, b_i \in \mathbb{R}^+, 1 \leq i \leq m$ und $c_k \in \mathbb{R}, 1 \leq k \leq n$.
Gesucht ist das Minimum der Zielfunktion für $x_j \in \mathbb{R}_0^+, 1 \leq j \leq n$.

Bemerkung:

Beim primalen Simplex-Algorithmus sind alle Koeffizienten im Ungleichungssystem positiv oder gleich 0 und alle Ungleichungen sind $\leq$ – Ungleichungen. Es wird immer das Minimum gesucht, sollte jedoch das Maximum gesucht sein, so wird die Zielfunktion mit -1 multipliziert und anschließend das Minimum gesucht.

Analog zu den Vorüberlegungen des letzten Abschnitts wird aus dem Ungleichungssystem durch Hinzufügen der Variablen $z_i \in \mathbb{R}_0^+, 1 \leq i \leq m$ ein lineares Gleichungssystem erzeugt:

$$\begin{array}{lllllllll} a_{11} \cdot x_1 & + & a_{12} \cdot x_2 & + \cdots + & a_{1n} \cdot x_n & + z_1 & & & = b_1 \\ a_{21} \cdot x_1 & + & a_{22} \cdot x_2 & + \cdots + & a_{2n} \cdot x_n & & + z_2 & & = b_2 \\ \vdots & & & & & & & & \\ a_{m1} \cdot x_1 & + & a_{m2} \cdot x_2 & + \cdots + & a_{mn} \cdot x_n & & & + z_m & = b_m \end{array}$$

Die Ausgangsvariablen $x_j \in \mathbb{R}_0^+, 1 \leq j \leq n$ werden dabei *Struktur- oder Nichtbasisvariablen* genannt, die neuen Variablen $z_i \in \mathbb{R}_0^+, 1 \leq i \leq m$ werden *Schlupf- oder Basisvariablen* genannt.

Bei der Anwendung des Simplex-Algorithmus werden iterativ Eckpunkte berechnet. Der Wert der Zielfunktion nähert sich dem Minimum an, bis er es schließlich erreicht.

Primaler Simplex-Algorithmus

Vorbereitung:
Aufstellen des ersten Simplex-Tableaus

	x_1	x_2		x_n	
z_1	a_{11}	a_{12}	$\cdots$	a_{1n}	b_1
z_2	a_{21}	a_{22}	$\cdots$	a_{2n}	b_2
$\vdots$					
z_m	a_{m1}	a_{m2}	$\cdots$	a_{mn}	b_m
	c_1	c_2	$\cdots$	c_n	0

Danach erfolgen Iterationen mit jeweils 2 Schritten bis zum Abbruch.

Berechnung des zweiten (der weiteren) Simplex-Tableaus

Schritt 1: Suche des Pivot-Elements

a) Bestimmung des kleinsten aller $c_j \in \mathbb{R}^-, 1 \leq j \leq n$. Der dazugehörige Index s bestimmt die Pivotspalte.
Abbruch, falls alle $c_j \geq 0, 1 \leq j \leq n$.

b) Bestimmung des kleinsten aller Quotienten $\frac{b_i}{a_{is}}$ für alle $a_{is} > 0, 1 \leq i \leq m$.
Der dazugehörige Index r bestimmt die Pivotzeile.

c) Das Pivotelement ist a_{rs}.

Schritt 2: Aufstellen des neuen Tableaus

a) Die Variablen von Pivotzeile und Pivotspalte werden vertauscht.

b) Das Pivotelement a_{rs} wird durch seinen Kehrwert $\frac{1}{a_{rs}}$ ersetzt.

c) Alle restlichen Elemente der Pivotspalte werden mit $-\frac{1}{a_{rs}}$ multipliziert.

d) Alle restlichen Elemente der Pivotzeile werden mit $\frac{1}{a_{rs}}$ multipliziert.

e) Alle anderen Werte werden spaltenweise ersetzt nach folgender Formel: Neue Spalte = Vektor01 – Zahl * Vektor02, wobei gilt:

Vektor01 = Einträge dieser Spalte aus dem alten Tableau ohne den Wert der Pivotzeile,

Vektor02 = Einträge der Pivotspalte aus dem alten Tableau ohne den Wert der Pivotzeile und

Zahl = Zahl, die im neuen Tableau schon in dieser Spalte steht.

Abbruch: Sind alle Einträge in der letzten Zeile (ohne den Wert der Zielfunktion) positiv, so ist das Verfahren beendet.

Sind im letzten Simplex-Tableau noch $c_j = 0$ vorhanden, so gibt es unendlich viele Lösungen. Weitere Eckpunkte werden dann zusätzlich berechnet. Die Pivotspalte ist dann eine Spalte mit $c_j = 0$.

Beispiel 3.1 (Fortsetzung)

Aufstellen des ersten Simplex-Tableaus:

	x_1	x_2	x_3	
z_1	5	10	5	800
z_2	15	5	10	700
z_3	5	10	10	600
	−15	−20	−15	0

1. Iteration: Bestimmung des zweiten Simplex-Tableaus

Schritt 1a: Suche unter allen negativen $c_j, 1 \leq j \leq 3$ den kleinsten Wert:

	x_1	x_2	x_3	
z_1	5	10	5	800
z_2	15	5	10	700
z_3	5	10	10	600
	−15	−20	−15	0

Dies ist $c_2 = -20$. Also ist die zweite Spalte die Pivotspalte und es gilt: $s = 2$.

Schritt 1b: Suche unter den Quotienten $\frac{b_i}{a_{i2}}$ für alle $a_{i2} > 0$ den kleinsten.

	x_1	x_2	x_3	
z_1	5	10	5	800
z_2	15	5	10	700
z_3	5	10	10	600
	−15	−20	−15	0

Es gilt: $\frac{b_1}{a_{12}} = \frac{800}{10} = 80$, $\frac{b_2}{a_{22}} = \frac{700}{5} = 140$ und $\frac{b_3}{a_{32}} = \frac{600}{10} = 60$.

Also ist $\frac{b_3}{a_{32}} = 60$ der kleinste Quotient, die dritte Zeile ist die Pivotzeile, es gilt: $r = 3$.

Schritt 1c: Das Pivotelement ist deshalb $a_{32} = 10$.

	x_1	x_2	x_3	
z_1	5	10	5	800
z_2	15	5	10	700
z_3	5	10	10	600
	−15	−20	−15	0

Schritt 2a: Die Variablen von Pivotzeile und Pivotspalte werden vertauscht.

	x_1	z_3	x_3	
z_1				
z_2				
x_2				

Schritt 2b: Das Pivotelement $a_{32} = 10$ wird durch den Kehrwert $\frac{1}{a_{32}} = \frac{1}{10}$ ersetzt.

	x_1	z_3	x_3	
z_1				
z_2				
x_2		1/10		

Schritt 2c: Alle restlichen Elemente der Pivotspalte werden mit $-\frac{1}{a_{32}} = -\frac{1}{10}$ multipliziert.

	x_1	z_3	x_3	
z_1		−1		
z_2		−1/2		
x_2		1/10		
		2		

Schritt 2d: Alle restlichen Elemente der Pivotzeile werden mit $\frac{1}{a_{32}} = \frac{1}{10}$ multipliziert.

	x_1	z_3	x_3	
z_1		−1		
z_2		−1/2		
x_2	1/2	1/10	1	60
		2		

Schritt 2e: Berechnung der restlichen Elemente der ersten Spalte.

Vektor01 und Vektor02 werden aus dem ersten Tableau übernommen:

	x_1	x_2	x_3	
z_1	5	10	5	800
z_2	15	5	10	700
z_3	5	10	10	600
	−15	−20	−15	0

Zahl wird aus dem zweiten Tableau übernommen:

	x_1	z_3	x_3	
z_1		−1		
z_2		−1/2		
x_2	1/2	1/10	1	60
		2		

Also gilt für die drei Werte: $\begin{pmatrix} 5 \\ 15 \\ -15 \end{pmatrix} - \frac{1}{2} \cdot \begin{pmatrix} 10 \\ 5 \\ -20 \end{pmatrix} = \begin{pmatrix} 0 \\ 25/2 \\ -5 \end{pmatrix}.$

	x_1	z_3	x_3	
z_1	0	−1		
z_2	25/2	−1/2		
x_2	1/2	1/10	1	60
	−5	2		

Die restlichen beiden Spalten werden analog berechnet:

	x_1	z_3	x_3	
z_1	0	−1	−5	200
z_2	25/2	−1/2	5	400
x_2	1/2	1/10	1	60
	−5	2	5	1 200

Aus diesem Tableau kann jetzt sowohl der neue Eckpunkt als auch der Wert der Zielfunktion abgelesen werden. Alle Variablen, die noch als Spaltenbeschriftungen dienen, sind gleich 0. Für die anderen Variablen, die als Zeilenbeschriftungen dienen, wird der Wert in der letzten Spalte abgelesen. Der negative Wert der Zielfunktion steht im letzten Feld der Tabelle:

Also gilt: $x_1 = x_3 = 0, x_2 = 60$ und $z = -1\,200$, also $E_2(0, 60, 0)$.

Das Verfahren ist noch nicht beendet, da es in der letzten Zeile noch negative Einträge gibt.

2. Iteration: Bestimmung des dritten Simplex-Tableaus

Dieses Tableau wird völlig analog berechnet und es folgt

	z_2	z_3	x_3	
z_1	0	−1	−5	200
x_1	2/25	−1/25	2/5	32
x_2	−1/25	3/25	4/5	44
	2/5	9/5	7	1 360

Also gilt: $x_1 = 32, x_2 = 44, x_3 = 0$ und $z = -1\,360$, also $E_3(32,44,0)$.

Das Verfahren ist beendet, da es in der letzten Zeile keine negativen Einträge mehr gibt.

3.2.3 Der duale Simplex-Algorithmus

Beim primalen Simplex-Algorithmus bestand das Ausgangsgleichungssystem ausnahmslos aus Ungleichungen der Form $\leq$. Dadurch konnten nur Beschränkungen nach oben erfasst werden. Da dies nicht immer der Fall sein muss, wird im Folgenden der Simplex-Algorithmus auch für Ungleichungen der Form $\geq$ erweitert.

Dazu werden diese Ungleichungen durch eine Multiplikation mit −1 auf Ungleichungen der bekannten Form $\leq$ gebracht. Dadurch werden aber alle Koeffizienten in diesen Ungleichungen negativ, besonders auch der Koeffizient auf der rechten Seite! Somit werden im folgenden Modell die Nichtnegativitätsbedingungen für die Koeffizienten fallengelassen.

Mathematisches Modell der linearen Optimierung mit drei und mehr Variablen für den dualen Simplex-Algorithmus

Gegeben sei ein lineares Ungleichungssystem mit m Ungleichungen und n Variablen der Form

$$\begin{aligned} a_{11} \cdot x_1 &+ a_{12} \cdot x_2 + \cdots + a_{1n} \cdot x_n \leq b_1 \\ a_{21} \cdot x_1 &+ a_{22} \cdot x_2 + \cdots + a_{2n} \cdot x_n \leq b_2 \\ &\vdots \\ a_{m1} \cdot x_1 &+ a_{m2} \cdot x_2 + \cdots + a_{mn} \cdot x_n \leq b_m \end{aligned}$$

und eine lineare Zielfunktion $z = c_1 \cdot x_1 + c_2 \cdot x_2 + \cdots c_n \cdot x_n$ mit
$a_{ij} \in \mathbb{R}, 1 \leq i \leq m, 1 \leq j \leq n, b_i \in \mathbb{R}, 1 \leq i \leq m$ und $c_k \in \mathbb{R}, 1 \leq k \leq n$.
Gesucht ist das Minimum der Zielfunktion für $x_j \in \mathbb{R}_0^+, 1 \leq j \leq n.$

Dazu wird analog zum primalen Simplex-Algorithmus im letzten Abschnitt aus dem Ungleichungssystem durch Hinzufügen der Variablen $z_i \in \mathbb{R}_0^+, 1 \leq i \leq m$ ein lineares Gleichungssystem erzeugt:

$$\begin{aligned} a_{11} \cdot x_1 + a_{12} \cdot x_2 + \cdots + a_{1n} \cdot x_n + z_1 \qquad\qquad &= b_1 \\ a_{21} \cdot x_1 + a_{22} \cdot x_2 + \cdots + a_{2n} \cdot x_n \qquad + z_2 \qquad &= b_2 \\ \vdots \qquad\qquad\qquad\qquad \\ a_{m1} \cdot x_1 + a_{m2} \cdot x_2 + \cdots + a_{mn} \cdot x_n \qquad\qquad + z_m &= b_m \end{aligned}$$

Dualer Simplex-Algorithmus

Vorbereitung:
Aufstellen des ersten Simplex-Tableaus
Vorsicht: Alle Ungleichungen der Form $\geq$ müssen vorab durch eine Multiplikation mit -1 auf Ungleichungen der bekannten Form $\leq$ gebracht werden!

	x_1	x_2		x_n	
z_1	a_{11}	a_{12}	$\cdots$	a_{1n}	b_1
z_2	a_{21}	a_{22}	$\cdots$	a_{2n}	b_2
$\vdots$					
z_m	a_{m1}	a_{m2}	$\cdots$	a_{mn}	b_m
	c_1	c_2	$\cdots$	c_n	0

Danach erfolgen Iterationen zu jeweils 2 Schritten bis zum Abbruch.

Berechnung des zweiten (der weiteren) Simplex-Tableaus

Schritt 1: Suche des Pivot-Elements

Hier wird unterschieden, ob es noch negative Einträge in der letzten Spalte gibt oder nicht!

Fall 1: Es gibt mindestens ein negatives $b_i \in \mathbb{R}, 1 \leq i \leq m$.

a) Bestimmung des kleinsten aller $b_i \in \mathbb{R}^-, 1 \leq i \leq m$. Der dazugehörige Index r bestimmt die Pivotzeile.

b) Bestimmung des größten aller Quotienten $\frac{c_j}{a_{rj}}$ für alle $a_{rj} < 0, 1 \leq j \leq n$.
Der dazugehörige Index s bestimmt die Pivotspalte.
Abbruch, falls kein $a_{rj} < 0$. Dann gibt es keine Lösung, da die Lösungsmenge des Ungleichungssystems leer ist.

c) Das Pivotelement ist a_{rs}.

Fall 2: Alle $b_i \in \mathbb{R}, 1 \leq i \leq m$ sind positiv. Dann geht der duale Simplex-Algorithmus in den primalen Simplex-Algorithmus über.

a) Bestimmung des kleinsten aller $c_j \in \mathbb{R}^-, 1 \leq j \leq n$. Der dazugehörige Index s bestimmt die Pivotspalte.
Abbruch, falls alle $c_j \geq 0, 1 \leq j \leq n$. Das Verfahren ist beendet und die optimale Lösung gefunden. Sind im letzten Simplex-Tableau noch $c_j = 0$ vorhanden, so gibt es unendlich viele Lösungen. Weitere Eckpunkte werden dann zusätzlich berechnet. Die Pivotspalte ist dann eine Spalte mit $c_j = 0$.

b) Bestimmung des kleinsten aller Quotienten $\frac{b_i}{a_{is}}$ für alle $a_{is} > 0, 1 \leq i \leq m$.
Der dazugehörige Index r bestimmt die Pivotzeile.
Abbruch, falls kein $a_{is} > 0$. Die Lösungsmenge des Ungleichungssystems ist unbeschränkt, deshalb gibt es kein endliches Minimum.

c) Das Pivotelement ist a_{rs}.

Schritt 2: Aufstellen des neuen Tableaus

a) Die Variablen von Pivotzeile und Pivotspalte werden vertauscht.

b) Das Pivotelement a_{rs} wird durch seinen Kehrwert $\frac{1}{a_{rs}}$ ersetzt.

c) Alle restlichen Elemente der Pivotspalte werden mit $-\frac{1}{a_{rs}}$ multipliziert.

d) Alle restlichen Elemente der Pivotzeile werden mit $\frac{1}{a_{rs}}$ multipliziert.

e) Alle anderen Werte werden spaltenweise ersetzt nach folgender Formel: Neue Spalte = Vektor01 – Zahl * Vektor02, wobei gilt:

Vektor01 = Einträge dieser Spalte aus dem alten Tableau ohne den Wert der Pivotzeile,

Vektor02 = Einträge der Pivotspalte aus dem alten Tableau ohne den Wert der Pivotzeile und

Zahl = Zahl, die im neuen Tableau schon in dieser Spalte steht.

Beispiel 3.2

$$5x_1 + 10x_2 + 5x_3 \leq 800$$
$$15x_1 + 5x_2 + 10x_3 \leq 700$$
$$5x_1 + 10x_2 + 10x_3 \geq 600$$
$$z = 10x_1 + 20x_2 + 15x_3 = \max.$$

Es wird ein Punkt (x_1, x_2, x_3) gesucht, der alle Ungleichungen erfüllt und die Zielfunktion möglichst groß macht.

Aufstellen des ersten Simplex-Tableaus:

	x_1	x_2	x_3	
z_1	5	10	5	800
z_2	−15	−5	−10	−700
z_3	−5	−10	−10	−600
	−10	−20	−15	0

1. Iteration: Bestimmung des zweiten Simplex-Tableaus

Schritt 1a: Suche unter allen negativen $b_i, 1 \leq i \leq 3$ den kleinsten Wert:

	x_1	x_2	x_3	
z_1	5	10	5	800
z_2	−15	−5	−10	−700
z_3	−5	−10	−10	−600
	−10	−20	−15	0

Dies ist $b_2 = -700$. Also ist die zweite Zeile die Pivotzeile und es gilt: $r = 2$.

Schritt 1b: Suche unter den Quotienten $\frac{c_j}{a_{2j}}$ für alle $a_{2j} < 0$ den größten.

	x_1	x_2	x_3	
z_1	5	10	5	800
z_2	−15	−5	−10	−700
z_3	−5	−10	−10	−600
	−10	−20	−15	0

Es gilt: $\frac{c_1}{a_{21}} = \frac{-10}{-15} = \frac{2}{3}$, $\frac{c_2}{a_{22}} = \frac{-20}{-5} = 4$ und $\frac{c_3}{a_{23}} = \frac{-15}{-10} = \frac{3}{2}$.

Also ist $\frac{c_2}{a_{22}} = 4$ der größte Quotient, die zweite Spalte die Pivotspalte und es gilt: $s = 2$.

Schritt 1c: Das Pivotelement ist deshalb $a_{22} = -5$.

Die restlichen Berechnungen dieser Iteration erfolgen wie im primalen Simplex-Algorithmus. Es folgt für das zweite Simplex-Tableau:

	x_1	z_2	x_3	
z_1	−25	2	−15	−600
x_2	3	−1/5	2	140
z_3	25	−2	10	800
	50	−4	25	2 800

Also: $x_1 = 0, x_2 = 140, x_3 = 0$ und $z = -2800$.

Der zulässige Bereich ist noch nicht erreicht, da die letzte Spalte noch negative Einträge hat.

Die restlichen Tableaus werden ohne die Berechnungen angegeben.

2. Iteration: Bestimmung des dritten Simplex-Tableaus

	x_1	z_2	z_1	
x_3	5/3	−2/15	−1/15	40
x_2	−1/3	1/15	2/15	60
z_3	25/3	−2/3	2/3	400
	25/3	−2/3	5/3	1 800

Also gilt: $x_1 = 0, x_2 = 60, x_3 = 40$ und $z = -1800$.

Der zulässige Bereich ist erreicht und es gilt: $E_3(0, 60, 40)$, nicht optimal.

3. Iteration: Bestimmung des vierten Simplex-Tableaus

	x_1	x_2	z_1	
x_3	1	2	1/5	160
z_2	−5	15	2	900
z_3	5	10	2	1 000
	5	10	3	2400

Also gilt: $x_1 = 0,\ x_2 = 0,\ x_3 = 160,\ z = -2400$ und $E_4(0, 0, 160)$

Das Maximum ist gefunden.

Abschließend wird noch der Fall behandelt, falls im Ungleichungssystem Gleichungen auftreten.

Simplex-Algorithmus mit Gleichungen

Das erste Simplex-Tableau wird wie bisher aufgestellt und die Gleichungen werden direkt übertragen. Alle Basis- bzw. Schlupfvariablen $z_i \in \mathbb{R}_0^+, 1 \leq i \leq m$, die zu Gleichungen gehören, werden markiert.

Der Schritt 1 des dualen Simplex-Algorithmus wird nun abgeändert. Es müssen alle markierten Variablen aus der Basis entfernt werden, da diese ja alle gleich 0 sein müssen! Dies geschieht hintereinander in beliebiger Reihenfolge. Bei der Suche des Pivot-Elements wird eine beliebige markierte Basisvariable ausgewählt. Sie bestimmt die Pivotzeile. Als Pivotspalte wird eine Spalte gewählt, in der keine markierte Variable steht. Das sich dann ergebende Pivotelement muss von 0 verschieden sein.

Diese Vorschleife wird solange durchgeführt, bis alle markierten Variablen aus der Basis entfernt wurden. Dann geht der Algorithmus in den dualen Simplex-Algorithmus über. Markierte Variablen dürfen dabei nicht wieder getauscht werden.

Die Abbruchbedingung muss noch angepasst werden: Sind alle Einträge in der letzten Zeile (ohne den Wert der Zielfunktion), die zu nicht markierten Variablen gehören, positiv, so ist das Verfahren beendet. Einträge zu markierten Variablen können durchaus noch negativ sein!

3.3 Sensitivitätsanalyse

Bei einer *Sensitivitätsanalyse* untersucht man das Verhalten der optimalen Lösung auf Reaktionen gegenüber Veränderungen der Ausgangsdaten. Im Folgenden wird dies für die Koeffizienten der Zielfunktion und für die rechten Seiten des Ungleichungssystems durchgeführt.

3.3.1 Änderung der Koeffizienten der Zielfunktion

Es soll untersucht werden, in welchem Bereich $[c_k - c_k^-, c_k + c_k^+]$ sich der Zielfunktionskoeffizient $c_k, 1 \leq k \leq n$ ändern darf, ohne dass die optimale Lösung ihre Optimalitätseigenschaft verliert. In diesem Fall bleiben sowohl die Basisvariablen als auch deren Wertebelegung in der optimalen Lösung erhalten.

Im Folgenden werden nur die Fälle betrachtet, bei denen sich genau ein Koeffizient ändert und alle anderen konstant bleiben.

Nachstehend wird ein Satz angegeben, wie diese Grenzen aus dem letzten Simplex-Tableau ermittelt werden können.

Satz:

Bei der Sensitivitätsanalyse für die Änderung der Koeffizienten der Zielfunktion werden die Werte für c_k^- und c_k^+ folgendermaßen aus dem optimalen Simplex-Tableau ermittelt:

Ist x_k Nichtbasisvariable und sind $\tilde{a}_{ij}, \tilde{b}_i$ und $\tilde{c}_j$ die aktuellen Koeffizienten im optimalen Tableau und ist $\varphi(k)$ die Spalte im optimalen Tableau, in der diese Variable steht, so gilt:

$$c_k^- = \tilde{c}_{\varphi(k)} \text{ und } c_k^+ = \infty.$$

Ist x_k Basisvariable und sind $\tilde{a}_{ij}, \tilde{b}_i$ und $\tilde{c}_j$ die aktuellen Koeffizienten im optimalen Tableau und ist $\varphi(k)$ die Zeile im optimalen Tableau, in der diese Basisvariable steht, so gilt:

$$c_k^- = \infty \text{ falls alle } \tilde{a}_{\varphi(k)j} > 0, 1 \leq j \leq n$$

$$c_k^- = \min\left\{-\frac{\tilde{c}_j}{\tilde{a}_{\varphi(k)j}}, \tilde{a}_{\varphi(k)j} < 0, 1 \leq j \leq n\right\} \text{ sonst.}$$

$$c_k^+ = \infty \text{ falls alle } \tilde{a}_{\varphi(k)j} < 0, 1 \leq j \leq n$$

$$c_k^+ = \min\left\{\frac{\tilde{c}_j}{\tilde{a}_{\varphi(k)j}}, \tilde{a}_{\varphi(k)j} > 0, 1 \leq j \leq n\right\} \text{ sonst.}$$

Bemerkung: Bei einem Maximierungsproblem im Ausgangsproblem müssen die dadurch ermittelten Werte zurücktransformiert werden.

3.3.2 Änderung der Koeffizienten auf den rechten Seiten

Es soll geprüft werden, in welchem Bereich $[b_k - b_k^-, b_k + b_k^+]$ sich die Ressourcen-Beschränkung b_k ändern darf, ohne dass die optimale Basislösung ihre Optimalitätseigenschaft verliert. In diesem Fall bleiben nur die Basisvariablen erhalten. Ihre Wertebelegungen in der optimalen Lösung ändern sich natürlich.

Satz:

Bei der Sensitivitätsanalyse für die Änderung der Koeffizienten auf den rechten Seiten werden die Werte für b_k^- und b_k^+ folgendermaßen aus dem optimalen Simplex-Tableau ermittelt:

Ist z_k Basisvariable und sind $\tilde{a}_{ij}, \tilde{b}_i$ und $\tilde{c}_j$ die aktuellen Koeffizienten im optimalen Tableau und ist $\varphi(k)$ die Zeile im optimalen Tableau, in der diese Basisvariable steht, so gilt:

$$b_k^- = \tilde{b}_{\varphi(k)} \text{ und } b_k^+ = \infty.$$

Ist z_k Nichtbasisvariable und sind $\tilde{a}_{ij}, \tilde{b}_i$ und $\tilde{c}_j$ die aktuellen Koeffizienten im optimalen Tableau und ist $\varphi(k)$ die Spalte im optimalen Tableau, in der diese Variable steht, so gilt:

$$b_k^- = \infty \text{ falls alle } \tilde{a}_{i\varphi(k)} < 0, 1 \leq i \leq m$$

$$b_k^- = \min\left\{\frac{\tilde{b}_i}{\tilde{a}_{i\varphi(k)}}, \tilde{a}_{i\varphi(k)} > 0, 1 \leq i \leq m\right\} \text{ sonst.}$$

$$b_k^+ = \infty \text{ falls alle } \tilde{a}_{i\varphi(k)} > 0, 1 \leq i \leq m$$

$$b_k^+ = \min\left\{-\frac{\tilde{b}_i}{\tilde{a}_{i\varphi(k)}}, \tilde{a}_{i\varphi(k)} < 0, 1 \leq i \leq m\right\} \text{ sonst.}$$

Bemerkung: Bei allen Ungleichungen der Form $\geq$ im Ausgangsproblem müssen die dadurch ermittelten Werte zurücktransformiert werden.

Die Anwendung dieser Formeln wird am **Beispiel 3.1** gezeigt:

$$\begin{aligned} 5x_1 + 10x_2 + 5x_3 &\leq 800 \\ 15x_1 + 5x_2 + 10x_3 &\leq 700 \\ 5x_1 + 10x_2 + 10x_3 &\leq 600 \\ z = 15x_1 + 20x_2 + 15x_3 &= \max. \end{aligned}$$

Es wird ein Punkt (x_1, x_2, x_3) gesucht, der alle Ungleichungen erfüllt und die Zielfunktion möglichst groß macht.

Das optimale Simplextableau lautet

	z_2	z_3	x_3	
z_1	0	−1	−5	200
x_1	2/25	−1/25	2/5	32
x_2	−1/25	3/25	4/5	44
	2/5	9/5	7	1 360

Die Lösung ist im Punkt $E_3(32{,}44{,}0)$ mit $z = -1\,360$.

Die dazugehörigen Basisvariablen sind x_1, x_2 und z_1.

Zuerst werden die Änderungen der Koeffizienten der Zielfunktion betrachtet:

1. Änderung von c_1:

   Da x_1 Basisvariable ist und in der zweiten Zeile steht, gilt mit $\varphi(1) = 2$:

   $$c_1^- = \min\left\{-\frac{\tilde{c}_j}{\tilde{a}_{2j}},\ \tilde{a}_{2j} < 0\right\} = \min\left\{-\frac{9/5}{-1/25}\right\} = 45 \text{ und}$$

   $$c_1^+ = \min\left\{\frac{\tilde{c}_j}{\tilde{a}_{2j}},\ \tilde{a}_{2j} > 0\right\} = \min\left\{\frac{2/5}{2/25}, \frac{7}{2/5}\right\} = \min\left\{5, \frac{35}{2}\right\} = 5.$$

   Damit gilt: $c_1 \in [-15 - 45, -15 + 5] = [-60, -10]$.

   Dies gilt für den negativen Koeffizienten aus dem ersten Simplex-Tableau. Der entsprechende (positive) Koeffizient in der Ausgangszielfunktion ist im Intervall $[10, 60]$.

2. Änderung von c_2:

   Da x_2 Basisvariable ist und in der dritten Zeile steht, gilt mit $\varphi(2) = 3$:

   $$c_2^- = \min\left\{-\frac{\tilde{c}_j}{\tilde{a}_{3j}},\ \tilde{a}_{3j} < 0\right\} = \min\left\{-\frac{2/5}{-1/25}\right\} = 10 \text{ und}$$

   $$c_2^+ = \min\left\{\frac{\tilde{c}_j}{\tilde{a}_{3j}},\ \tilde{a}_{3j} > 0\right\} = \min\left\{\frac{9/5}{3/25}, \frac{7}{4/5}\right\} = \min\left\{15, \frac{35}{4}\right\} = \frac{35}{4}.$$

   Damit gilt: $c_2 \in [-20 - 10, -20 + 35/4\,] = [-30, -45/4]$.

   Dies gilt für den negativen Koeffizienten aus dem ersten Simplex-Tableau. Der entsprechende (positive) Koeffizient in der Ausgangszielfunktion ist im Intervall $[45/4\ ,30]$.

3. Änderung von c_3:

   Da x_3 Nichtbasisvariable ist und in der dritten Spalte steht, gilt mit $\varphi(3) = 3$:

   $c_3^- = \tilde{c}_3 = 7$ und $c_3^+ = \infty$.

   Damit gilt: $c_3 \in [-15 - 7, -15 + \infty) = [-22, \infty)$.

   Dies gilt für den negativen Koeffizienten aus dem ersten Simplex-Tableau. Der entsprechende (positive) Koeffizient in der Ausgangszielfunktion ist im Intervall $(-\infty, 22]$.

Als nächstes werden die Änderungen der rechten Seiten betrachtet:

1. Änderung von b_1:

   Da z_1 Basisvariable ist, gilt mit $\varphi(1) = 1$:

   $b_1^- = \tilde{b}_1 = 200$ und $b_1^+ = \infty$.

   Damit gilt: $b_1 \in [800 - 200, 800 + \infty) = [600, \infty)$.

2. Änderung von b_2:

   Da z_2 Nichtbasisvariable ist und in der ersten Spalte steht, gilt mit $\varphi(2) = 1$:

   $$b_2^- = \min\left\{\frac{\tilde{b}_i}{\tilde{a}_{i1}}, \tilde{a}_{i1} > 0\right\} = \min\left\{\frac{32}{2/25}\right\} = 400 \text{ und}$$

   $$b_2^+ = \min\left\{-\frac{\tilde{b}_i}{\tilde{a}_{i1}}, \tilde{a}_{i1} < 0\right\} = \min\left\{-\frac{44}{-1/25}\right\} = 1\,100.$$

   Damit gilt: $b_2 \in [700 - 400, 700 + 1\,100\,] = [300, 1\,800]$.

3. Änderung von b_3:

   Da z_3 Nichtbasisvariable ist und in der zweiten Spalte steht, gilt mit $\varphi(3) = 2$:

   $$b_3^- = \min\left\{\frac{\tilde{b}_i}{\tilde{a}_{i2}}, \tilde{a}_{i2} > 0\right\} = \min\left\{\frac{44}{3/25}\right\} = \frac{1100}{3} \text{ und}$$

   $$b_3^+ = \min\left\{-\frac{\tilde{b}_i}{\tilde{a}_{i2}}, \tilde{a}_{i2} < 0\right\} = \min\left\{-\frac{200}{-1}, -\frac{32}{-1/25}\right\} = \min\{200, 800\} = 200.$$

   Damit gilt: $b_3 \in [600 - 1\,100/3, 600 + 200\,] = [700/3, 800]$.

3.4 Aufgaben

Aufgabe 1

Für welche $(x_1, x_2, x_3\,)$, die das Ungleichungssystem

$5x_1 + 3x_2 + 4x_3 \leq 100$

$3x_1 + 4x_2 + 3x_3 \leq \;\; 50$

erfüllen, wird die Zielfunktion $z = 5x_1 + 6x_2 + 7x_3$ maximal?

Führen Sie eine Sensitivitätsanalyse für die Koeffizienten der Zielfunktion und die Koeffizienten auf den rechten Seiten durch.

Aufgabe 2

Für welche (x_1, x_2, x_3), die das Ungleichungssystem

$$\begin{aligned} 2x_1 + 2x_2 + x_3 &\leq 11 \\ x_1 + 6x_2 + 2x_3 &\leq 17 \\ 3x_3 &\leq 8 \\ 3x_1 + 2x_2 &\leq 12 \end{aligned}$$

erfüllen, wird die Zielfunktion $z = 5x_1 + 4x_2 + 7x_3$ maximal?

Führen Sie eine Sensitivitätsanalyse für die Koeffizienten der Zielfunktion und die Koeffizienten auf den rechten Seiten durch.

Aufgabe 3

Für welche (x_1, x_2, x_3), die das Ungleichungssystem

$$\begin{aligned} 2x_1 + 2x_2 + x_3 &\geq 11 \\ x_1 + 6x_2 + 2x_3 &\leq 17 \\ 3x_3 &\leq 8 \\ 3x_1 + 2x_2 &\leq 12 \end{aligned}$$

erfüllen, wird die Zielfunktion $z = 5x_1 + 4x_2 + 7x_3$ minimal?

Führen Sie eine Sensitivitätsanalyse für die Koeffizienten der Zielfunktion und die Koeffizienten auf den rechten Seiten durch.

Aufgabe 4

Für welche $(x_1, x_2, x_3, x_4, x_5, x_6)$, die das Ungleichungssystem

$$\begin{aligned} 20x_1 + 10x_2 + 40x_3 + 20x_5 &\leq 300 \\ 20x_2 + 20x_3 + 20x_4 + 10x_5 + 20x_6 &\leq 280 \\ 10x_1 + 40x_4 + 20x_6 &\leq 400 \end{aligned}$$

erfüllen, wird die Zielfunktion $z = 10x_1 + 15x_2 + 10x_3 + 20x_4 + 10x_5 + 15x_6$ maximal?

Aufgabe 5

Ein Betrieb stellt vier Produkte A, B, C und D her. Die tägliche Fertigungssituation ist durch folgende Tabelle gegeben:

	Produkt				
	A	B	C	D	
Rohstoffe	6	4	3	5	Rohstoffbedarf in kg
Produktionszeit	3	1	3	2	Produktionszeit in h
Lagerraum	6	5	4	3	Lagerraum in m^2

Die Fertigung unterliegt den folgenden Kapazitätsbeschränkungen:

Die maximal verfügbare Einsatzmenge für die Rohstoffe ist 440 kg.

Die maximal verfügbare Einsatzmenge für die Produktionszeit ist 460 h.

Die maximal verfügbare Einsatzmenge für den Lagerraum ist 555 m^2.

Der Gewinn beim Verkauf der Produkte A, B, C bzw. D beträgt 100€, 130€, 100€ bzw. 110€.

Bei welchen Produktionsmengen wird der Gewinn maximal?

Führen Sie eine Sensitivitätsanalyse für die Koeffizienten der Zielfunktion und die Koeffizienten auf den rechten Seiten durch.

4 Spieltheorie

Die Spieltheorie beschäftigt sich mit Konflikt- bzw. Wettbewerbssituationen. Hierbei sind Entscheidungen zu fällen, ohne dass das Verhalten der Gegenspieler bekannt ist. Bei Fragestellungen in der Praxis werden zwei grundsätzlich voneinander verschiedene Spielsituationen betrachtet:

- Glücksspiele
- strategische Spiele.

Bei den Glücksspielen hängt das Ergebnis größtenteils vom Zufall ab. Zu deren Betrachtung und Analyse stellt die Mathematik das Teilgebiet Stochastik zur Verfügung. Diese Art von Spielen wird im Folgenden nicht betrachtet.

Im Gegensatz dazu hängt bei strategischen oder rationalen Spielen das Ergebnis zu großen Teilen von den gewählten Strategien ab, welche die jeweiligen Gegenspieler auswählen. Und genau mit diesen Spielen beschäftigt sich die Spieltheorie.

4.1 Beispiel, Grundbegriffe und mathematisches Modell

Das folgende Beispiel verdeutlicht die Grundgedanken der Spieltheorie.

Beispiel 4.1

Dem Eishockey-Club aus Schwenningen stehen drei Varianten für seine Verteidigung zur Verfügung. Die gegnerische Mannschaft aus Freiburg verfügt über drei verschiedene Angriffsformationen. Die Erfolgsaussichten für Schwenningen (WK, dass kein Tor fällt) sind in folgender Tabelle zusammengestellt:

		Strategien für Freiburg		
		$j = 1$	$j = 2$	$j = 3$
Strategien für Schwenningen	$i = 1$	0.6	0.2	0.3
	$i = 2$	0.7	0.6	0.4
	$i = 3$	0.1	0.7	0.2

Jede der beiden Mannschaften ist bestrebt, ihren Mindestvorteil zu maximieren bzw. den maximal möglichen Vorteil des Gegners zu minimieren.

Dieses Beispiel ist charakteristisch für Spielsituationen von zwei Spielern. Die mathematische Beschreibung und Lösung wird im Folgenden betrachtet.

- Zwei Spieler X und Y treten gegeneinander an.
- Dem Spieler X stehen m verschiedene *Strategien* zur Verfügung.
- Dem Spieler Y stehen n verschiedene *Strategien* zur Verfügung.
- Jeder Spieler wählt ohne Kenntnis der Auswahl des anderen Spielers eine seiner Strategien aus.
- Eine *Auszahlungs- oder Entscheidungsmatrix* gibt das Ergebnis des Spiels für Spieler X in Abhängigkeit der von beiden Spielern gewählten Strategie an.
- Das Ziel für beide Spieler ist es, ihren Mindestvorteil zu maximieren bzw. den maximal möglichen Vorteil des Gegners zu minimieren.

Mit diesen Voraussetzungen kann das mathematische Modell aufgestellt werden.

Mathematisches Modell für Zwei-Personen-Spiele

Einem Spieler X stehen m verschiedene Strategien zur Verfügung, einem Spieler Y stehen n verschiedene Strategien zur Verfügung.
Eine Entscheidungsmatrix stellt das Ergebnis des Spiels für Spieler X in Abhängigkeit der gewählten Strategien dar:

		Strategien für Spieler Y			
		$j=1$	$j=2$	$\cdots$	$j=n$
Strategien für Spieler X	$i=1$	a_{11}	a_{12}	$\cdots$	a_{1n}
	$i=2$	a_{21}	a_{22}	$\cdots$	a_{2n}
	$\vdots$	$\vdots$	$\vdots$		$\vdots$
	$i=m$	a_{m1}	a_{m2}	$\cdots$	a_{mn}

Gesucht ist für beide Spieler die optimale Strategie, um ihren Mindestvorteil zu maximieren bzw. den maximal möglichen Vorteil des Gegners zu minimieren.

Die Lösung dieses Problems wird in den nächsten zwei Abschnitten vorgestellt.

4.2 Statische Spiele

In den folgenden Ausführungen wird das obige **Beispiel 4.1** mit der gegebenen Entscheidungsmatrix betrachtet:

		Strategien für Freiburg		
		$j=1$	$j=2$	$j=3$
Strategien für Schwenningen	$i=1$	0.6	0.2	0.3
	$i=2$	0.7	0.6	0.4
	$i=3$	0.1	0.7	0.2

Suche nach der optimalen Strategie für den Spieler X (Schwenningen):

Die Strategien von Spieler X sind in den Zeilen der Matrix abgebildet. Da Spieler X die Reaktion des Spielers Y einkalkulieren muss, wählt er seine Strategie so, dass er trotz des Bemühens von Spieler Y, auf sein Verlustminimum auszuweichen, seinen Gewinn maximiert.

Also sucht er in all seinen Zeilen die „schlechteste" Variante, den Mindestgewinn für sich, also das Zeilenminimum:

		Strategien für Freiburg		
		$j = 1$	$j = 2$	$j = 3$
Strategien für Schwenningen	$i = 1$	0.6	0.2	0.3
	$i = 2$	0.7	0.6	0.4
	$i = 3$	0.1	0.7	0.2

Abschließend wählt er das größte dieser Minima aus, also die Strategie $i = 2$. Dies garantiert ihm einen Mindesterfolg von 0.4.

Suche nach der optimalen Strategie für den Spieler Y (Freiburg):

Für den Spieler Y müsste man streng genommen die Tabelle in seine Sicht der Dinge übersetzen. Man kann dies aber umgehen, indem man die Ausgangstabelle so liest, dass sie die „Verluste" des Spielers Y angibt.

Die Strategien von Spieler Y sind in den Spalten der Matrix abgebildet. Da Spieler Y die Reaktion des Spielers X einkalkulieren muss, wählt er seine Strategie so, dass er trotz des Bemühens von Spieler X, auf sein Gewinnmaximum auszuweichen, seinen Verlust minimiert.

Also sucht er in all seinen Zeilen die „schlechteste" Variante, den größten Verlust für sich, also das Spaltenmaximum:

		Strategien für Freiburg		
		$j = 1$	$j = 2$	$j = 3$
Strategien für Schwenningen	$i = 1$	0.6	0.2	0.3
	$i = 2$	0.7	0.6	0.4
	$i = 3$	0.1	0.7	0.2

Abschließend wählt er das kleinste dieser Maxima aus, also die Strategie $j = 3$. Dies garantiert ihm einen maximalen Misserfolg von 0.4.

Bildet man nun beide Betrachtungen in einer Tabelle ab, so folgt

		Strategien für Freiburg		
		$j = 1$	$j = 2$	$j = 3$
Strategien für Schwenningen	$i = 1$	0.6	0.2	0.3
	$i = 2$	0.7	0.6	0.4
	$i = 3$	0.1	0.7	0.2

In dieser Tabelle sieht man, dass die beiden optimalen Strategien in einem Feld zusammen treffen, d.h. das Maximum der Minima aller Zeilen ist gleich dem Minimum der Maxima aller Spalten.

Folglich ist es für beide Spieler hier optimal, immer nur konstant genau eine der zur Verfügung stehenden Strategien einzusetzen:

Spieler X setzt die Strategie $i = 2$ ein, während der Spieler Y die Strategie $j = 3$ einsetzt. Jedes Abweichen von diesem Plan würde dem Gegenspieler den Einsatz einer besseren Strategie ermöglichen und somit den Gewinn des Spielers verringern!

Diese Arten von Spielen werden statische Spiele oder Spiele mit Sattelpunkt genannt. Dass nicht alle durch das obige Modell beschriebene Spiele statisch sind, wird im nächsten Abschnitt gezeigt. Zuvor folgt noch ein anderes Praxisbeispiel.

Beispiel 4.2

Zwei Warenhäuser Plus und Real möchten jeweils in genau einer der drei Städte A, B und C einen Supermarkt eröffnen. Positionen, Entfernungen und potentielle Käuferzahlen sind in folgender Grafik gegeben:

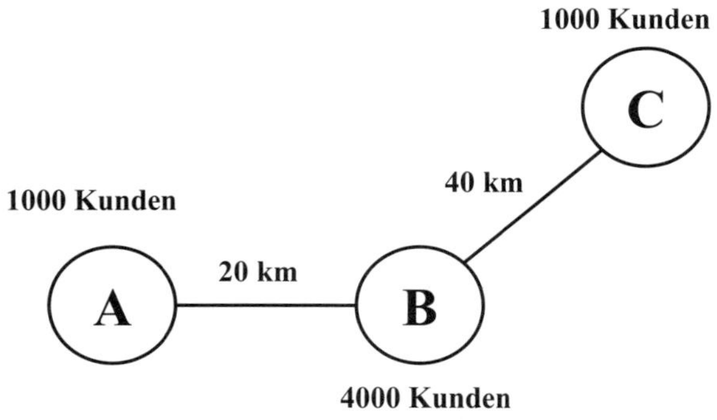

Abb. 4.1 Kundenbindungen

Folgende Beobachtungen über das Käuferverhalten liegen vor:

1. Sind beide Warenhäuser in der gleichen Stadt bzw. gleich weit von dieser entfernt, so binden sie jeweils die Hälfte der potentiellen Kunden dieser Stadt.
2. Liegt ein Warenhaus in einer Stadt, in der das andere Warenhaus nicht liegt, so bindet das dort liegende Warenhaus alle Kunden dieser Stadt.
3. Liegt ein Warenhaus näher an einer Stadt als das andere Warenhaus (ohne dass eines der Warenhäuser dort liegt!), so bindet das näher liegende Warenhaus 80% der potentiellen Kunden dieser Stadt.

Gesucht werden die optimalen Standorte der beiden Warenhäuser, falls jedes möglichst viele Kunden binden will. Zuerst wird die Entscheidungsmatrix aufgestellt.

Dazu wird untersucht, wie viele Kunden Plus in Abhängigkeit der verschiedenen Kombinationen der Standorte bindet:

Standorte Plus	Standorte Real	Anzahl der Kunden für Plus aus Stadt A	B	C	Summe
A	A	500	2000	500	3000
A	B	1000	0	200	1200
A	C	1000	3200	0	4200
B	A	0	4000	800	4800
B	B	500	2000	500	3000
B	C	800	4000	0	4800
C	A	0	800	1000	1800
C	B	200	0	1000	1200
C	C	500	2000	500	3000

Also lautet die Entscheidungsmatrix:

		Standorte für Real		
		A	B	C
Standorte für Plus	A	3000	1200	4200
	B	4800	3000	4800
	C	1800	1200	3000

Markiert man hier wieder die Zeilenminima und die Spaltenmaxima, so gilt:

		Standorte für Real		
		A	B	C
Standorte für Plus	A	3000	1200	4200
	B	4800	3000	4800
	C	1800	1200	3000

Folglich liegt auch hier ein statisches Spiel vor. Beide Warenhäuser müssen ihren Supermarkt in Stadt B eröffnen.

4.3 Dynamische Spiele

Betrachtet wird nun ein nur in den Einträgen der Entscheidungsmatrix abgeändertes Beispiel, das die Spielsituation der beiden Eishockeymannschaften an einem anderen Spieltag angibt.

Beispiel 4.3

Dem Eishockey-Club aus Schwenningen stehen drei Varianten für seine Verteidigung zur Verfügung. Die gegnerische Mannschaft aus Freiburg verfügt über drei verschiedene Angriffsformationen. Die Erfolgsaussichten für Schwenningen (WK, dass kein Tor fällt) sind in folgender Tabelle zusammengestellt:

		Strategien für Freiburg		
		$j = 1$	$j = 2$	$j = 3$
Strategien für Schwenningen	$i = 1$	0.8	0.2	0.4
	$i = 2$	0.4	0.5	0.6
	$i = 3$	0.4	0.7	0.3

Markiert man auch hier die Zeilenminima und die Spaltenmaxima, so gilt:

		Strategien für Freiburg		
		$j = 1$	$j = 2$	$j = 3$
Strategien für Schwenningen	$i = 1$	[0.8]	0.2 (grau)	0.4
	$i = 2$	0.4 (grau)	0.5	[0.6]
	$i = 3$	0.4	[0.7]	0.3 (grau)

Hier liegt kein statisches Spiel vor. Würde nämlich Schwenningen die Strategie $i = 2$ und Freiburg die Strategie $j = 3$ konstant spielen, so könnte jeder Spieler durch Ändern seiner Strategie seinen Vorteil verbessern, sobald ein Spieler versucht, auf eine andere Strategie auszuweichen. Freiburg würde sofort auf Strategie $j = 1$ wechseln, Schwenningen dann auf Strategie $i = 1$ und so weiter.

Solche Spiele können nicht mit konstanten Strategien bestritten werden. Hier muss ein optimaler Einsatz aller zur Verfügung stehenden Strategien untersucht werden.

Herleitung der Strategie für Spieler X (Schwenningen):

Schwenningen setzt seine drei Strategien mit den Wahrscheinlichkeiten p_1, p_2 und p_3 ein.

Dann folgt für das Ergebnis des Spiels in Abhängigkeit der von Spieler Y (Freiburg) gewählten Strategien:

bei Strategie $j = 1$: $0.8p_1 + 0.4p_2 + 0.4p_3$
bei Strategie $j = 2$: $0.2p_1 + 0.5p_2 + 0.7p_3$
bei Strategie $j = 3$: $0.4p_1 + 0.6p_2 + 0.3p_3$.

Unabhängig von der von Spieler Y gewählten Strategie muss für Spieler X ein Mindestgewinn g garantiert sein. Dies führt auf folgendes Ungleichungssystem:

$$0.8p_1 + 0.4p_2 + 0.4p_3 \geq g$$
$$0.2p_1 + 0.5p_2 + 0.7p_3 \geq g$$
$$0.4p_1 + 0.6p_2 + 0.3p_3 \geq g.$$

Fügt man hier noch die Grundbedingung für Wahrscheinlichkeiten

$$p_1 + p_2 + p_3 = 1$$

hinzu und beachtet, dass $g = \max$ gelten soll, so erhält man sehr schnell die Lösung für dieses Problem.

Dividiert man das Ungleichungssystem und die Grundbedingung für Wahrscheinlichkeiten durch $g > 0$, so folgt

$$0.8 \cdot \frac{p_1}{g} + 0.4 \cdot \frac{p_2}{g} + 0.4 \cdot \frac{p_3}{g} \geq 1$$
$$0.2 \cdot \frac{p_1}{g} + 0.5 \cdot \frac{p_2}{g} + 0.7 \cdot \frac{p_3}{g} \geq 1$$
$$0.4 \cdot \frac{p_1}{g} + 0.6 \cdot \frac{p_2}{g} + 0.3 \cdot \frac{p_3}{g} \geq 1$$
$$\frac{1}{g} = \frac{p_1}{g} + \frac{p_2}{g} + \frac{p_3}{g} = \text{min.}$$

Substituiert man jetzt noch $x_1 = \frac{p_1}{g}, x_2 = \frac{p_2}{g}$ und $x_3 = \frac{p_3}{g}$, so folgt

$$0.8x_1 + 0.4x_2 + 0.4x_3 \geq 1$$
$$0.2x_1 + 0.5x_2 + 0.7x_3 \geq 1$$
$$0.4x_1 + 0.6x_2 + 0.3x_3 \geq 1$$
$$z = \frac{1}{g} = x_1 + x_2 + x_3 = \text{min.}$$

Damit hat man das spieltheoretische Problem auf das Verfahren der linearen Optimierung aus Kapitel 3 zurückgeführt.

Bevor dieses Beispiel mit Hilfe des Simplex-Algorithmus gelöst wird, wird das allgemeine Verfahren zur Lösung dynamischer Spiele angegeben.

Verfahren zur Lösung dynamischer Spiele

Einem Spieler X stehen m verschiedene Strategien zur Verfügung, einem Spieler Y stehen n verschiedene Strategien zur Verfügung.

Eine Entscheidungsmatrix stellt das Ergebnis des Spiels für Spieler X in Abhängigkeit der gewählten Strategien dar:

		Strategien für Spieler Y			
		$j = 1$	$j = 2$	$\cdots$	$j = n$
Strategien für Spieler X	$i = 1$	a_{11}	a_{12}	$\cdots$	a_{1n}
	$i = 2$	a_{21}	a_{22}	$\cdots$	a_{2n}
	$\vdots$	$\vdots$	$\vdots$		$\vdots$
	$i = m$	a_{m1}	a_{m2}	$\cdots$	a_{mn}

Gibt es in der Entscheidungsmatrix keinen Sattelpunkt (siehe statische Spiele), so erfolgt die Lösung mit dem Simplex-Algorithmus.

Simplex-Algorithmus für Spieler X:

Spieler X spielt seine Strategien mit den Wahrscheinlichkeiten $p_i, 1 \leq i \leq m$

Für den Gewinn gelte $g > 0$.

Substitution: $x_i = \frac{p_i}{g}, 1 \leq i \leq m$

Aufstellen des ersten Simplex-Tableaus für die $x_i, 1 \leq i \leq m$

	x_1	x_2		x_m	
z_1	$-a_{11}$	$-a_{21}$	$\cdots$	$-a_{m1}$	-1
z_2	$-a_{12}$	$-a_{22}$	$\cdots$	$-a_{m2}$	-1
$\vdots$	$\vdots$	$\vdots$		$\vdots$	$\vdots$
z_n	$-a_{1n}$	$-a_{2n}$	$\cdots$	$-a_{mn}$	-1
	1	1	$\cdots$	1	0

Lösen dieses linearen Optimierungsproblems und Rücksubstitution mit

$$p_i = x_i \cdot g, 1 \leq i \leq m.$$

Simplex-Algorithmus für Spieler Y:

Spieler Y spielt seine Strategien mit den Wahrscheinlichkeiten $q_j, 1 \leq j \leq n$

Für den Gewinn gelte $g > 0$.

Substitution: $\mathrm{y_j} = \frac{q_j}{g}, 1 \leq j \leq n$

Aufstellen des ersten Simplex-Tableaus für die $\mathrm{y_j}, 1 \leq j \leq n$

	y_1	y_2		y_n	
z_1	a_{11}	a_{12}	$\cdots$	a_{1n}	1
z_2	a_{21}	a_{22}	$\cdots$	a_{2n}	1
$\vdots$	$\vdots$	$\vdots$		$\vdots$	$\vdots$
z_m	a_{m1}	a_{m2}	$\cdots$	a_{mn}	1
	-1	-1	$\cdots$	-1	0

Lösen dieses linearen Optimierungsproblems und Rücksubstitution mit

$$q_j = y_j \cdot g, 1 \leq j \leq n.$$

Beispiel 4.3 (Fortsetzung)

Betrachtet wird nun das oben entwickelte mathematische Modell:

$$0.8x_1 + 0.4x_2 + 0.4x_3 \geq 1$$
$$0.2x_1 + 0.5x_2 + 0.7x_3 \geq 1$$
$$0.4x_1 + 0.6x_2 + 0.3x_3 \geq 1$$
$$z = \frac{1}{g} = x_1 + x_2 + x_3 = \min.$$

Die optimale Strategie für Spieler X (Schwenningen) erhält man durch die Anwendung des Simplex-Algorithmus:

Aufstellen des ersten Simplex-Tableaus:

	x_1	x_2	x_3	
z_1	−0.8	−0.4	−0.4	−1
z_2	−0.2	−0.5	−0.7	−1
z_3	−0.4	−0.6	−0.3	−1
	1	1	1	0

oder

	x_1	x_2	x_3	
z_1	−4/5	−2/5	−2/5	−1
z_2	−1/5	−1/2	−7/10	−1
z_3	−2/5	−3/5	−3/10	−1
	1	1	1	0

Der zulässige Bereich ist noch nicht erreicht.

1. Iteration: Bestimmung des zweiten Simplex-Tableaus:

	z_1	x_2	x_3	
x_1	−5/4	1/2	1/2	5/4
z_2	−1/4	−2/5	−3/5	−3/4
z_3	−1/2	−2/5	−1/10	−1/2
	5/4	1/2	1/2	−5/4

Also gilt: $x_1 = 5/4, x_2 = 0, x_3 = 0$ und $z = 5/4$.
Der zulässige Bereich ist noch nicht erreicht, da die letzte Spalte noch negative Einträge hat.

2. Iteration: Bestimmung des dritten Simplex-Tableaus:

	z_1	x_2	z_2	
x_1	−35/24	1/6	5/6	5/8
x_3	5/12	2/3	−5/3	5/4
z_3	−11/24	−1/3	−1/6	−3/8
	25/24	1/6	5/6	−15/8

Also gilt: $x_1 = 5/8, x_2 = 0, x_3 = 5/4$ und $z = 15/8$.
Der zulässige Bereich ist noch nicht erreicht, da die letzte Spalte noch negative Einträge hat.

3. Iteration: Bestimmung des vierten Simplex-Tableaus:

	z_1	z_3	z_2	
x_1	−27/16	1/2	3/4	7/16
x_3	−1/2	2	−2	1/2
x_2	11/8	−3	1/2	9/8
	13/16	1/2	3/4	−33/16

Man hat den Eckpunkt $E_4(7/16, 9/8, 1/2)$ und $z = 33/16$ erhalten. Die optimale Lösung ist gefunden.

Nach Rücksubstitution der Variablen gilt mit $g = \frac{1}{z} = \frac{16}{33}$:

$$p_1 = x_1 \cdot g = \frac{7}{16} \cdot \frac{16}{33} = \frac{7}{33}$$
$$p_2 = x_2 \cdot g = \frac{9}{8} \cdot \frac{16}{33} = \frac{18}{33}$$
$$p_3 = x_3 \cdot g = \frac{1}{2} \cdot \frac{16}{33} = \frac{8}{33}\,.$$

Die optimale Strategie für Spieler Y (Freiburg) erhält man ebenfalls durch die Anwendung des Simplex-Algorithmus:

Aufstellen des ersten Simplex-Tableaus:

	y_1	y_2	y_3	
z_1	0.8	0.2	0.4	1
z_2	0.4	0.5	0.4	1
z_3	0.4	0.7	0.3	1
	−1	−1	−1	0

oder

	y_1	y_2	y_3	
z_1	4/5	1/5	2/5	1
z_2	2/5	1/2	3/5	1
z_3	2/5	7/10	3/10	1
	−1	−1	−1	0

Man befindet sich im zulässigen Bereich. Die optimale Lösung ist noch nicht gefunden.

1. Iteration: Bestimmung des zweiten Simplex-Tableaus:

	z_1	y_2	y_3	
y_1	5/4	1/4	1/2	5/4
z_2	−1/2	2/5	2/5	1/2
z_3	−1/2	3/5	1/10	1/2
	5/4	−3/4	−1/2	5/4

Man hat den Eckpunkt $E_2(5/4, 0, 0)$ und $z = -5/4$ erhalten. Die optimale Lösung ist noch nicht gefunden.

2. Iteration: Bestimmung des dritten Simplex-Tableaus:

	z_1	z_3	y_3	
y_1	35/24	−5/12	11/24	25/24
z_2	−1/6	−2/3	1/3	1/6
y_2	−5/6	5/3	1/6	5/6
	5/8	5/4	−3/8	15/8

Man hat den Eckpunkt $E_3(25/24,\ 5/6, 0)$ und $z = -15/8$ erhalten. Die optimale Lösung ist noch nicht gefunden.

3. Iteration: Bestimmung des vierten Simplex-Tableaus:

	z_1	z_3	z_2	
y_1	27/16	1/2	−11/8	13/16
y_3	−1/2	−2	3	1/2
y_2	−3/4	2	−1/2	3/4
	7/16	1/2	9/8	33/16

Man hat den Eckpunkt $E_4(13/16, 3/4, 1/2)$ und $z = -33/16$ erhalten. Die optimale Lösung ist gefunden.

Da das Ausgangsproblem ein Maximierungsproblem war, ist $z = 33/16$.

Nach Rücksubstitution der Variablen gilt mit $g = \frac{1}{z} = \frac{16}{33}$:

$$q_1 = y_1 \cdot g = \frac{13}{16} \cdot \frac{16}{33} = \frac{13}{33}$$

$$q_2 = y_2 \cdot g = \frac{3}{4} \cdot \frac{16}{33} = \frac{12}{33}$$

$$q_3 = y_3 \cdot g = \frac{1}{2} \cdot \frac{16}{33} = \frac{8}{33} .$$

4.4 Aufgaben

Aufgabe 1

Gegeben seien die folgenden Entscheidungsmatrizen. Bestimmen Sie die optimalen Strategien beider Spieler.

a)

		Strategien für Spieler Y	
		$j = 1$	$j = 2$
Strategien für Spieler X	$i = 1$	−1	0
	$i = 2$	2	4

b)

		Strategien für Spieler Y			
		$j = 1$	$j = 2$	$j = 3$	$j = 4$
Strategien für Spieler X	$i = 1$	2	−1	−1	3
	$i = 2$	1	5	0	2
	$i = 3$	0	5	−2	0

c)

		Strategien für Spieler Y			
		$j = 1$	$j = 2$	$j = 3$	$j = 4$
Strategien für Spieler X	$i = 1$	5	2	1	−5
	$i = 2$	−1	2	0	−2
	$i = 3$	0	−1	1	4
	$i = 4$	3	8	2	3
	$i = 5$	6	−2	−1	3

Aufgabe 2

Gegeben seien die folgenden Entscheidungsmatrizen. Bestimmen Sie die optimalen Strategien beider Spieler.

a)

		Strategien für Spieler Y	
		$j = 1$	$j = 2$
Strategien für Spieler X	$i = 1$	−1	1
	$i = 2$	2	−1

b)

		Strategien für Spieler Y			
		$j = 1$	$j = 2$	$j = 3$	$j = 4$
Strategien für Spieler X	$i = 1$	3	−4	3	4
	$i = 2$	2	6	2	3
	$i = 3$	1	6	−1	1

c)

		Strategien für Spieler Y			
		$j = 1$	$j = 2$	$j = 3$	$j = 4$
Strategien für Spieler X	$i = 1$	2	2	−2	−5
	$i = 2$	−1	0	0	−2
	$i = 3$	0	−1	1	4
	$i = 4$	3	0	2	1
	$i = 5$	6	−2	−3	3

Aufgabe 3

Um Entscheidungen zufällig zu treffen, etwa wer bei einem Spiel beginnen darf, wird häufig das Auswahlspiel „Stein-Schere-Papier“ oder auch „Schnick-Schnack-Schnuck“ gespielt. Dabei zeigen beide Spieler gleichzeitig eines der Zeichen Stein, Schere oder Papier. Es gelten folgende Regeln:

- Stein gewinnt gegen Schere und verliert gegen Papier.
- Schere gewinnt gegen Papier und verliert gegen Stein.
- Papier gewinnt gegen Stein und verliert gegen Schere.
- Gleiche Zeichen neutralisieren sich.

a) Stellen Sie die Entscheidungsmatrix auf und zeigen Sie, dass es keine statische Strategie gibt.
b) Zeigen Sie, dass der Simplex-Algorithmus keine Lösung liefert.
c) Addieren Sie zu jedem Element der Entscheidungsmatrix +1 und lösen Sie dann das Problem mit dem Simplex-Algorithmus.

Aufgabe 4

Dem Eishockey-Club aus Köln stehen drei Varianten für seine Verteidigung zur Verfügung. Die gegnerische Mannschaft aus Berlin verfügt über drei verschiedene Angriffsformationen. Die Erfolgsaussichten für Köln (WK, dass kein Tor fällt) sind in folgender Tabelle zusammengestellt:

		Strategien für Berlin		
		$j = 1$	$j = 2$	$j = 3$
Strategien für Köln	$i = 1$	0.4	0.4	0.3
	$i = 2$	0.7	0.8	0.6
	$i = 3$	0.4	0.5	0.5

Bestimmen Sie die optimalen Strategien der beiden Mannschaften.

Aufgabe 5

Dem Eishockey-Club aus Landshut stehen drei Varianten für seine Verteidigung zur Verfügung. Die gegnerische Mannschaft aus Hamburg verfügt über drei verschiedene Angriffsformationen. Die Erfolgsaussichten für Landshut (WK, dass kein Tor fällt) sind in folgender Tabelle zusammengestellt:

		Strategien für Hamburg		
		$j = 1$	$j = 2$	$j = 3$
Strategien für Landshut	$i = 1$	0.4	0.4	0.3
	$i = 2$	0.7	0.8	0.6
	$i = 3$	0.4	0.5	0.8

Bestimmen Sie die optimalen Strategien der beiden Mannschaften.

5 Transportprobleme

Werden von m Anbietern A_i irgendwelche Mengen eines Transportgutes zu n Nachfragern N_j transportiert und sollen dabei die gesamten Transportkosten minimiert werden, so hat man die Aufgabenstellung von Transport- oder Verteilungsproblemen.

5.1 Beispiel und mathematisches Modell

Das folgende Beispiel verdeutlicht den oben beschriebenen Sachverhalt.

Beispiel 5.1

Am Vatertag werden die Wanderer durch ein Gewitter überrascht und suchen deshalb in den nahegelegenen Ausflugslokalen Schutz. In den vier Lokalen ist aber nicht genügend Bier vorhanden. Dieses wird unverzüglich bei der zuständigen Brauerei angefordert, die über drei verschiedene Auslieferungslager verfügt, in denen insgesamt die gewünschte Menge zur Verfügung steht. Die vier Lokale N_1, N_2, N_3 und N_4 benötigen 10 hl bzw. 30 hl bzw. 15 hl bzw. 35 hl. Diese Gesamtmenge steht in den drei Auslieferungslagern A_1, A_2 und A_3 in folgender Weise zur Verfügung: in A_1 25 hl, in A_2 25 hl und in A_3 40 hl. Die Transportkosten pro hl von den einzelnen Auslieferungslagern zu den jeweiligen Ausflugslokalen betragen

		Ausflugslokal = Nachfrager			
		N_1	N_2	N_3	N_4
Ausliefe-rungslager= Anbieter	A_1	10	80	40	70
	A_2	90	0	50	70
	A_3	30	60	80	10

Wie ist der Transport durchzuführen, damit die Transportkosten so gering wie möglich ausfallen?

Aus diesem Beispiel kann sofort das mathematische Modell abgeleitet werden.

Mathematisches Modell für Transportprobleme

Gegeben seien m Anbieter $A_i, 1 \leq i \leq m$ und n Nachfrager $N_j, 1 \leq j \leq n$. Dabei kann ein Transportgut von jedem Anbieter zu jedem Nachfrager transportiert werden. Die Kosten für den Transport einer Einheit des Transportgutes vom Anbieter A_i zum Nachfrager N_j

betragen c_{ij}. Jeder Anbieter hat eine Angebotskapazität von a_i Mengeneinheiten und jeder Nachfrager eine Bedarfskapazität von b_j Mengeneinheiten. Die zu transportierenden Mengen vom Anbieter A_i zum Nachfrager N_j werden mit x_{ij} bezeichnet.

Damit erhält man das folgende Minimierungsproblem:

Minimiere die Funktion $z = \sum_{i=1}^{m} \sum_{j=1}^{n} c_{ij} \cdot x_{ij}$

unter den Nebenbedingungen

$$\sum_{j=1}^{n} x_{ij} = a_i, 1 \leq i \leq m$$

$$\sum_{i=1}^{m} x_{ij} = b_j, 1 \leq j \leq n$$

$$\sum_{i=1}^{m} a_i = \sum_{j=1}^{n} b_j \text{ und } x_{ij} \geq 0.$$

Alternativ kann dieses Modell durch zwei Tabellen beschrieben werden:

Kostenmatrix:

		Nachfrager				
		N_1	N_2	N_3	$\cdots$	N_n
Anbieter	A_1	c_{11}	c_{12}	c_{13}	$\cdots$	c_{1n}
	A_2	c_{21}	c_{22}	c_{23}	$\cdots$	c_{2n}
	A_3	c_{31}	c_{32}	c_{33}	$\cdots$	c_{3n}
	$\vdots$	$\vdots$	$\vdots$	$\vdots$		$\vdots$
	A_m	c_{m1}	c_{m2}	c_{m3}	$\cdots$	c_{mn}

Auslieferungsmatrix mit Randsummen:

		Nachfrager					
		N_1	N_2	N_3	$\cdots$	N_n	Angebots-mengen
Anbieter	A_1	x_{11}	x_{12}	x_{13}	$\cdots$	x_{1n}	a_1
	A_2	x_{21}	x_{22}	x_{23}	$\cdots$	x_{2n}	a_2
	A_3	x_{31}	x_{32}	x_{33}	$\cdots$	x_{3n}	a_3
	$\vdots$	$\vdots$	$\vdots$	$\vdots$		$\vdots$	$\vdots$
	A_m	x_{m1}	x_{m2}	x_{m3}	$\cdots$	x_{mn}	a_m
Nachfrage-mengen		b_1	b_2	b_3	$\cdots$	b_n	

Minimiere $z = \sum_{i=1}^{m} \sum_{j=1}^{n} c_{ij} x_{ij}$ unter den in der Tabelle abgebildeten Nebenbedingungen.

Bei der Lösung des Transportproblems werden, ähnlich wie beim Simplex-Algorithmus, Basislösungen verwendet. Da das lineare Gleichungssystem aller Nebenbedingungen Abhängigkeiten beinhaltet, besteht hier eine Basislösung immer aus $n + m - 1$ Variablen. Alle anderen sind, ähnlich den Schlupfvariablen, gleich 0.

5.2 Lösungsmethoden und durchgerechnete Beispiele

Eine schon aus Kapitel 3 bekannte Lösungsmethode für diese Art von Problemen ist der Simplex-Algorithmus. Alle Nebenbedingungen sind dabei Gleichungen. Allerdings wird die Anzahl der Variablen schon bei kleineren Transportproblemen schnell groß und damit das ganze Verfahren sehr rechenintensiv. Aufgrund der speziellen Struktur der Transportprobleme sind deutlich schneller zum Ziel führende Verfahren entwickelt worden.

Diese Verfahren bestehen im Normalfall aus zwei aufeinander folgenden Schritten:
1. Schritt: Ermittlung einer Ausgangslösung
2. Schritt: Ermittlung der optimalen Lösung durch ein iteratives Verfahren.

5.2.1 Die Nordwest-Ecken-Regel (Ausgangslösung)

Hier wird in der linken oberen Ecke der Auslieferungsmatrix begonnen und dann jeweils in der Zeile oder Spalte solange aufgefüllt, bis die entsprechende Kapazität erreicht ist. Dadurch erhält man eine Basislösung entlang einer Treppenformation.

Algorithmus zur Nordwest-Ecken-Regel

Es erfolgen Iterationen, die aus jeweils einem der optionalen Schritte 1 bis 3 bestehen, bis die Abbruchbedingung erreicht ist.

Schritt 1: Falls $a_1 > b_1$, setze $x_{11} = b_1$. Dadurch ist die Nebenbedingung in der ersten Spalte erfüllt. Dann schreitet man waagrecht nach rechts weiter und ermittelt x_{12} durch Vergleich von b_2 und $a_1 - x_{11}$ (nach einem der drei Schritte).

Schritt 2: Falls $a_1 < b_1$, setze $x_{11} = a_1$. Dadurch ist die Nebenbedingung in der ersten Zeile erfüllt. Dann schreitet man senkrecht nach unten weiter und ermittelt x_{21} durch Vergleich von a_2 und $b_1 - x_{11}$ (nach einem der drei Schritte).

Schritt 3: Falls $a_1 = b_1$, setze $x_{11} = a_1$. Dadurch ist die Nebenbedingung in der ersten Spalte erfüllt. Dann schreitet man senkrecht nach unten weiter und setzt $x_{21} = 0$. Danach schreitet man waagrecht nach rechts weiter und bestimmt x_{22} (nach einem der drei Schritte).

Abbruch: Das Verfahren endet, wenn x_{mn} ermittelt wurde.

Beispiel 5.1 (Nordwest-Ecken-Regel)

Gegeben sei das Transportproblem vom Anfang dieses Kapitels. Die Angebots- und Nachfragemengen sind in folgender Tabelle aufgelistet:

	N_1	N_2	N_3	N_4	AM
A_1					25
A_2					25
A_3					40
NM	10	30	15	35	90

1. Vergleich von a_1 und b_1: Da $a_1 = 25 > 10 = b_1$, ist $x_{11} = b_1 = 10$.

	N_1	N_2	N_3	N_4	AM
A_1	10				25
A_2	-				25
A_3	-				40
NM	10	30	15	35	90

Dadurch sind alle anderen Werte in der ersten Spalte gleich 0. Diese Nullen werden aber hier als Striche dargestellt, da die entsprechenden Variablen keine Basisvariablen sind.

Nun schreitet man waagrecht weiter.

2. Vergleich von $a_1 - 10$ und b_2: Da $a_1 - 10 = 15 < 30 = b_2$, ist $x_{12} = a_1 - 10 = 15$.

	N_1	N_2	N_3	N_4	AM
A_1	10	15	-	-	25
A_2	-				25
A_3	-				40
NM	10	30	15	35	90

Dadurch sind alle Werte in der ersten Zeile, die sich weiter rechts befinden, gleich 0. Diese Nullen werden aber hier als Striche dargestellt, da die entsprechenden Variablen keine Basisvariablen sind.

Nun schreitet man senkrecht weiter.

3. Vergleich von a_2 und $b_2 - 15$: Da $a_2 = 25 > 15 = b_2 - 15$, ist $x_{22} = b_2 - 15 = 15$.

	N_1	N_2	N_3	N_4	AM
A_1	10	15	-	-	25
A_2	-	15			25
A_3	-	-			40
NM	10	30	15	35	90

Dadurch sind alle Werte in der zweiten Spalte, die sich weiter unten befinden, gleich Null. Diese Nullen werden aber hier als Striche dargestellt, da die entsprechenden Variablen keine Basisvariablen sind.

Nun schreitet man waagrecht weiter.

4. Vergleich von $a_2 - 15$ und b_3: Da $a_2 - 15 = 10 < 25 = b_3$, ist $x_{23} = a_2 - 15 = 10$.

	N_1	N_2	N_3	N_4	AM
A_1	10	15	-	-	25
A_2	-	15	10	-	25
A_3	-	-			40
NM	10	30	15	35	90

Dadurch sind alle Werte in der zweiten Zeile, die sich weiter rechts befinden, gleich 0. Diese Nullen werden aber hier als Striche dargestellt, da die entsprechenden Variablen keine Basisvariablen sind.

Nun schreitet man senkrecht weiter.

5. Vergleich von a_3 und $b_3 - 10$: Da $a_3 = 40 > 5 = b_3 - 10$, ist $x_{33} = b_3 - 10 = 5$.

	N_1	N_2	N_3	N_4	AM
A_1	10	15	-	-	25
A_2	-	15	10	-	25
A_3	-	-	5		40
NM	10	30	15	35	90

Dadurch sind alle Werte in der dritten Spalte bestimmt. Nun schreitet man waagrecht weiter.

6. Es bleibt noch $x_{34} = a_4 - 5 = 35$.

	N_1	N_2	N_3	N_4	AM
A_1	10	15	-	-	25
A_2	-	15	10	-	25
A_3	-	-	5	35	40
NM	10	30	15	35	90

Damit ist die Ecke rechts unten erreicht und die Ausgangslösung steht in obiger Tabelle.
Für den Wert der Zielfunktion gilt:

$$z = 10 \cdot 10 + 15 \cdot 80 + 15 \cdot 0 + 10 \cdot 50 + 5 \cdot 80 + 35 \cdot 10 = 2\,550.$$

5.2.2 Das Vogelsche Approximationsverfahren (Ausgangslösung)

Eine andere Möglichkeit, eine Ausgangslösung zu bestimmen, ist das Vogelsche Approximationsverfahren. Bei dieser Methode wird im Gegensatz zur Nordwest-Ecken-Regel die Kostenmatrix verwendet. Häufig ist die Ausgangslösung, die durch das Vogelsche Approximationsverfahren ermittelt wurde, besser als diejenige, die durch die Nordwest-Ecken-Regel gefunden wurde.

Algorithmus zum Vogelschen Approximationsverfahren

Startiteration: Alle Zeilen und Spalten der Kostenmatrix sind unmarkiert und alle Variablen $x_{ij} = 0$.

Danach erfolgen Iterationen zu jeweils 4 Schritten bis zum Abbruch.

Schritt 1: Für alle unmarkierten Zeilen i wird die Differenz zwischen dem zweitkleinsten Eintrag c_{iz} und dem kleinsten Eintrag c_{ik} der Kostenmatrix unter allen noch unmarkierten Elementen dieser Zeile berechnet, also $\Delta_i = c_{iz} - c_{ik}$.

Schritt 2: Für alle unmarkierten Spalten j wird die Differenz zwischen dem zweitkleinsten Eintrag c_{zj} und dem kleinsten Eintrag c_{kj} der Kostenmatrix unter allen noch unmarkierten Elementen dieser Spalte berechnet, also $\Delta_j = c_{zj} - c_{kj}$.

Schritt 3: Unter allen in Schritt 1 und Schritt 2 berechneten Differenzen wird die größte ausgewählt. Der zu dieser Differenz gehörende kleinste Eintrag der Kostenmatrix wird mit c_{st} bezeichnet. Gibt es mehrere Auswahlmöglichkeiten, so wird diejenige Differenz ausgewählt, bei der der kleinste Eintrag der Kostenmatrix am kleinsten ist.

Schritt 4: Die Variable x_{st} mit $x_{st} = \min\{a_s, b_t\}$ wird zu einer Basisvariablen. Die Mengen a_s und b_t werden durch $a_s - x_{st}$ und $b_t - x_{st}$ ersetzt. (Der Einfachheit halber werden die ersetzten Variablen in allen weiteren Iterationen wieder mit a_s und b_t bezeichnet.) Ist danach $a_s = 0$, wird die Zeile s markiert, ist dagegen $b_t = 0$, wird die Spalte t markiert. Sind beide Größen gleich 0, so wird entweder die Zeile oder die Spalte markiert.

Abbruch: Es werden solange Iterationen durchgeführt, bis $n - 1$ Spalten oder $m - 1$ Zeilen markiert sind. Danach werden an den noch freien Stellen die noch übrigen Kapazitätsbeschränkungen aus der Spalte oder Zeile, die noch übrig ist, übernommen und zu Basisvariablen erklärt.

Beispiel 5.1 (Vogelsches Approximationsverfahren)

Gegeben sei das Transportproblem vom Anfang dieses Kapitels.

Startiteration:

Matrix mit den markierten Zeilen oder Spalten:

	N_1	N_2	N_3	N_4	
A_1	10	80	40	70	
A_2	90	0	50	70	
A_3	30	60	80	10	

Matrix der x_{ij}:

	N_1	N_2	N_3	N_4	AM
A_1	0	0	0	0	25
A_2	0	0	0	0	25
A_3	0	0	0	0	40
NM	10	30	15	35	90

1. Iteration: Bestimmung der Matrix mit den markierten Zeilen oder Spalten

1. Berechnung der Δ_i und Δ_j:

	N_1	N_2	N_3	N_4	Δ_i
A_1	10	80	40	70	30
A_2	90	0	50	70	50
A_3	30	60	80	10	20
Δ_j	20	60	10	60	

2. Bestimmung der größten Differenz:

	N_1	N_2	N_3	N_4	Δ_i
A_1	10	80	40	70	30
A_2	90	0	50	70	50
A_3	30	60	80	10	20
Δ_j	20	60	10	60	

Da es hier zwei Differenzen mit dem Wert 60 gibt, wird die zweite Spalte gewählt, da hier das kleinste Element 0 ist und dasjenige der vierten Spalte mit 10 größer ist. Nach Schritt 3 gilt $c_{st} = c_{22} = 0$.

3. Es gilt:

$x_{st} = x_{22} = \min\{a_2, b_2\} = \min\{25, 30\} = 25.$

$a_2 = 25$ wird ersetzt durch $a_2 - x_{22} = 25 - 25 = 0.$

$b_2 = 30$ wird ersetzt durch $b_2 - x_{22} = 30 - 25 = 5.$

Also wird die zweite Zeile markiert. Da die markierten Elemente bei den folgenden Berechnungen nicht mehr benötigt werden, werden sie entfernt.

	N_1	N_2	N_3	N_4	
A_1	10	80	40	70	
A_3	30	60	80	10	

Setzen der neuen Basisvariablen:

4. Setzen von x_{22} als Basisvariable und Korrektur der Beschränkungen:

	N_1	N_2	N_3	N_4	AM
A_1	0	0	0	0	25
A_2	0	25	0	0	0
A_3	0	0	0	0	40
NM	10	5	15	35	65

Die beiden Tabellen aus 3. und 4. bilden die Eingaben für die nächste Iteration.

2. Iteration: Bestimmung der Matrix mit den markierten Zeilen oder Spalten

1. Berechnung der Δ_i und Δ_j:

	N_1	N_2	N_3	N_4	Δ_i
A_1	10	80	40	70	30
A_3	30	60	80	10	20
Δ_j	20	20	40	60	

2. Bestimmung der größten Differenz:

	N_1	N_2	N_3	N_4	Δ_i
A_1	10	80	40	70	30
A_3	30	60	80	10	20
Δ_j	20	20	40	60	

Nach Schritt 3 gilt $c_{st} = c_{34} = 10$.

3. Es gilt:

$x_{st} = x_{34} = \min\{a_3, b_4\} = \min\{40, 35\} = 35.$
$a_3 = 40$ wird ersetzt durch $a_3 - x_{34} = 40 - 35 = 5.$
$b_4 = 35$ wird ersetzt durch $b_4 - x_{34} = 35 - 35 = 0.$

Also wird die vierte Spalte markiert. Da die markierten Elemente bei den folgenden Berechnungen nicht mehr benötigt werden, werden sie entfernt.

	N_1	N_2	N_3		
A_1	10	80	40		
A_3	30	60	80		

Setzen der neuen Basisvariablen:

4. Setzen von x_{34} als Basisvariable und Korrektur der Beschränkungen:

	N_1	N_2	N_3	N_4	AM
A_1	0	0	0	0	25
A_2	0	25	0	0	0
A_3	0	0	0	35	5
NM	10	5	15	0	30

Die beiden Tabellen aus 3. und 4. bilden die Eingaben für die nächste Iteration.

3. Iteration: Bestimmung der Matrix mit den markierten Zeilen oder Spalten

1. Berechnung der Δ_i und Δ_j:

	N_1	N_2	N_3		Δ_i
A_1	10	80	40		30
A_3	30	60	80		30
Δ_j	20	20	40		

2. Bestimmung der größten Differenz:

	N_1	N_2	N_3		Δ_i
A_1	10	80	40		30
A_3	30	60	80		30
Δ_j	20	20	40		

Nach Schritt 3 gilt $c_{st} = c_{13} = 40$.

3. Es gilt:

$x_{st} = x_{13} = \min\{a_1, b_3\} = \min\{25, 15\} = 15.$

$a_1 = 25$ wird ersetzt durch $a_1 - x_{13} = 25 - 15 = 10.$

$b_3 = 15$ wird ersetzt durch $b_3 - x_{13} = 15 - 15 = 0.$

Also wird die dritte Spalte markiert. Da die markierten Elemente bei den folgenden Berechnungen nicht mehr benötigt werden, werden sie entfernt.

	N_1	N_2			
A_1	10	80			
A_3	30	60			

Setzen der neuen Basisvariablen:

4. Setzen von x_{13} als Basisvariable und Korrektur der Beschränkungen:

	N_1	N_2	N_3	N_4	AM
A_1	0	0	15	0	10
A_2	0	25	0	0	0
A_3	0	0	0	35	5
NM	10	5	0	0	15

Die beiden Tabellen aus 3. und 4. bilden die Eingaben für die nächste Iteration.

4. Iteration: Bestimmung der Matrix mit den markierten Zeilen oder Spalten

1. Berechnung der Δ_i und Δ_j:

	N_1	N_2			Δ_i
A_1	10	80			70
A_3	30	60			30
Δ_j	20	20			

2. Bestimmung der größten Differenz:

	N_1	N_2			Δ_i
A_1	10	80			70
A_3	30	60			30
Δ_j	20	20			

Nach Schritt 3 gilt $c_{st} = c_{11} = 10$.

3. Es gilt:

$x_{st} = x_{11} = \min\{a_1, b_1\} = \min\{10, 10\} = 10.$
$a_1 = 10$ wird ersetzt durch $a_1 - x_{11} = 10 - 10 = 0.$
$b_1 = 10$ wird ersetzt durch $b_1 - x_{11} = 10 - 10 = 0.$

Also wird die erste Zeile (alternativ: erste Spalte) markiert. Da die markierten Elemente bei den folgenden Berechnungen nicht mehr benötigt werden, werden sie entfernt.

	N_1	N_2			
A_3	30	60			

Setzen der neuen Basisvariablen:

4. Setzen von x_{11} als Basisvariable und Korrektur der Beschränkungen:

	N_1	N_2	N_3	N_4	AM
A_1	10	0	15	0	0
A_2	0	25	0	0	0
A_3	0	0	0	35	5
NM	0	5	0	0	5

Damit ist die Abbruchbedingung erreicht. An den verbleibenden zwei Positionen in der dritten Zeile werden die noch übrigen Kapazitäten $b_1 = 0$ und $b_2 = 5$ aufgenommen. Damit werden $x_{31} = 0$ und $x_{32} = 5$ zu Basisvariablen.

	N_1	N_2	N_3	N_4	AM
A_1	10	0	15	0	0
A_2	0	25	0	0	0
A_3	0	5	0	35	0
NM	0	0	0	0	0

Für den Wert der Zielfunktion gilt:

$$z = 10 \cdot 10 + 15 \cdot 40 + 25 \cdot 0 + 0 \cdot 30 + 5 \cdot 60 + 35 \cdot 10 = 1350.$$

Dieser Funktionswert von 1 350 ist deutlich kleiner als derjenige von 2 550, der aus der Anfangslösung der Nordwest-Ecken-Regel stammte. Im weiteren Verlauf dieses Kapitels wird dann festgestellt, dass die mit dem Vogelschen Approximationsverfahren bestimmte Anfangslösung schon die optimale Lösung ist.

In den folgenden zwei Abschnitten werden die zwei wichtigsten Verfahren zur Ermittlung der optimalen Lösung der Transportprobleme ausgehend von den in den Abschnitten 5.2.1 und 5.2.2 bestimmten Anfangslösungen vorgestellt: die Stepping-Stone-Methode und die MODI-Methode.

5.2.3 Die Stepping-Stone-Methode (optimale Lösung)

Die Vorgehensweise bei der Stepping-Stone-Methode ist eine nahe liegende Betrachtungsweise. Ausgehend von einer Anfangslösung, also einer ersten zulässigen Basislösung, wird diese dadurch verbessert, dass an genau einer freien Stelle die Ausgangsmenge von 0 auf $a \geq 0$ verändert wird. Damit alle Restriktionen nach wie vor ihre Gültigkeit behalten, wird ausschließlich an den Stellen der Basisvariablen ein entsprechender Ausgleich vorgenommen. Hierzu gibt es immer einen Weg in der entsprechenden Tabelle. Anschließend wird für den Fall $a = 1$ geprüft, ob sich der Wert der Kostenfunktion durch diese Änderungen verkleinert. Ist dies der Fall, kann die Basislösung verbessert werden.

Algorithmus zur Stepping-Stone-Methode

Start: Man bestimme eine Ausgangslösung durch eines der beschriebenen Verfahren. Diese wird die erste Basislösung genannt.

Danach erfolgen Iterationen zu jeweils 5 Schritten bis zum Abbruch.

Schritt 1: An einem freien Feld der vorliegenden Basislösung wird $a \geq 0$ eingefügt.

Schritt 2: Danach werden Korrekturen der Form $+a$ oder $-a$ an den Stellen der Basisvariablen vorgenommen, so dass alle Einschränkungen gültig bleiben. Es existiert immer ein solcher Pfad entlang der Basisvariablen.

Schritt 3: Danach wird die Kostenänderung $\tilde{c}_{ij}$ für $a = 1$ berechnet. Dabei werden alle Werte der Kostenmatrix mit positivem Vorzeichen berücksichtigt, falls $a = 1$ addiert wurde und alle Werte der Kostenmatrix mit negativem Vorzeichen berücksichtigt, falls $a = 1$ abgezogen wurde.

Schritt 4: Die Schritte 1 – 3 werden für alle freien Felder der vorliegenden Basislösung durchgeführt.

Schritt 5: a) Sind alle $\tilde{c}_{ij} > 0$, so ist die vorliegende Basislösung optimal und das Verfahren bricht ab.

b) Gibt es mindestens ein $\tilde{c}_{ij} < 0$, so kann die vorliegende Basislösung verbessert werden. Dann wird der kleinste Wert dieser negativen $\tilde{c}_{ij}$ ausgewählt und das größtmögliche $a \geq 0$ dazu ermittelt. Anschließend wird durch Einsetzen dieses $a \geq 0$ die neue verbesserte Basislösung bestimmt. (Hier kann es passieren, dass sich $a = 0$ ergibt. Dadurch werden in der Basislösung nur zwei Nullen getauscht. Anschließend geht das Verfahren wie gewohnt weiter.) Danach erfolgt die nächste Iteration.

c) Sind alle $\tilde{c}_{ij} \geq 0$ und mindestens ein $\tilde{c}_{ij} = 0$, so existieren mehrere optimale Lösungen. Diese werden durch weitere Iterationen ermittelt.

Beispiel 5.1 (Stepping-Stone-Methode)

Kostenmatrix:

		Nachfrager			
		N_1	N_2	N_3	N_4
Anbieter	A_1	10	80	40	70
	A_2	90	0	50	70
	A_3	30	60	80	10

Auslieferungsmatrix mit Randsummen:

		Nachfrager				Angebots-mengen
		N_1	N_2	N_3	N_4	
Anbieter	A_1	x_{11}	x_{12}	x_{13}	x_{14}	25
	A_2	x_{21}	x_{22}	x_{23}	x_{24}	25
	A_3	x_{31}	x_{32}	x_{33}	x_{34}	40
Nachfrage-mengen		10	30	15	35	90

1. Iteration: erste zulässige Basislösung nach der NWE-Regel

	N_1	N_2	N_3	N_4	AM
A_1	10	15			25
A_2		15	10		25
A_3			5	35	40
NM	10	30	15	35	90

Für den Wert der Zielfunktion gilt:

$$z = 10 \cdot 10 + 15 \cdot 80 + 15 \cdot 0 + 10 \cdot 50 + 5 \cdot 80 + 35 \cdot 10 = 2\,550.$$

2. Iteration: Berechnung der zweiten verbesserten Basislösung

Für alle sechs freien Stellen muss die Kostenänderung $\tilde{c}_{ij}$ berechnet werden.

Berechnung von $\tilde{c}_{13}$:

	N_1	N_2	N_3	N_4	AM
A_1	10	$15-a$	a		25
A_2		$15+a$	$10-a$		25
A_3			5	35	40
NM	10	30	15	35	90

$$\tilde{c}_{13} = 40 - 50 + 0 - 80 = -90.$$

Berechnung von $\tilde{c}_{14}$:

	N_1	N_2	N_3	N_4	AM
A_1	10	$15-a$		a	25
A_2		$15+a$	$10-a$		25
A_3			$5+a$	$35-a$	40
NM	10	30	15	35	90

$$\tilde{c}_{14} = 70 - 10 + 80 - 50 + 0 - 80 = 10.$$

Berechnung von $\tilde{c}_{21}$:

	N_1	N_2	N_3	N_4	AM
A_1	$10-a$	$15+a$			25
A_2	a	$15-a$	10		25
A_3			5	35	40
NM	10	30	15	35	90

$$\tilde{c}_{21} = 90 - 0 + 80 - 10 = 160.$$

Berechnung von $\tilde{c}_{24}$:

	N_1	N_2	N_3	N_4	AM
A_1	10	15			25
A_2		15	$10-a$	a	25
A_3			$5+a$	$35-a$	40
NM	10	30	15	35	90

$$\tilde{c}_{24} = 70 - 10 + 80 - 50 = 90.$$

Berechnung von $\tilde{c}_{31}$:

	N_1	N_2	N_3	N_4	AM
A_1	$10-a$	$15+a$			25
A_2		$15-a$	$10+a$		25
A_3	a		$5-a$	35	40
NM	10	30	15	35	90

$$\tilde{c}_{31} = 30 - 10 + 80 - 0 + 50 - 80 = 70.$$

Berechnung von $\tilde{c}_{32}$:

	N_1	N_2	N_3	N_4	AM
A_1	10	15			25
A_2		$15-a$	$10+a$		25
A_3		a	$5-a$	35	40
NM	10	30	15	35	90

$$\tilde{c}_{32} = 60 - 80 + 50 - 0 = 30.$$

Für die Matrix der Größen $\tilde{c}_{ij}$ gilt dann:

		j			
		1	2	3	4
i	1			−90	10
	2	160			90
	3	70	30		

Da es in der Matrix der Größen $\tilde{c}_{ij}$ negative Einträge gibt, ist die erste zulässige Basislösung nicht optimal.

Das kleinste aller $\tilde{c}_{ij}$ ist $\tilde{c}_{13} = -90$:

	N_1	N_2	N_3	N_4	AM
A_1	10	$15-a$	a		25
A_2		$15+a$	$10-a$		25
A_3			5	35	40
NM	10	30	15	35	90

Aus dieser Tabelle erhält man $a = \min(15{,}10) = 10$.

Also lautet die zweite verbesserte Basislösung durch Einsetzen:

	N_1	N_2	N_3	N_4	AM
A_1	10	5	10		25
A_2		25			25
A_3			5	35	40
NM	10	30	15	35	90

Für den Wert der Zielfunktion gilt: $z = 2\,550 - 90 \cdot 10 = 1\,650.$

3. Iteration: Berechnung der dritten verbesserten Basislösung

Für alle sechs freien Stellen muss die Kostenänderung $\tilde{c}_{ij}$ berechnet werden.

Berechnung von $\tilde{c}_{14}$:

	N_1	N_2	N_3	N_4	AM
A_1	10	5	$10 - a$	a	25
A_2		25			25
A_3			$5 + a$	$35 - a$	40
NM	10	30	15	35	90

$$\tilde{c}_{14} = 70 - 40 + 80 - 10 = 100.$$

Berechnung von $\tilde{c}_{21}$:

	N_1	N_2	N_3	N_4	AM
A_1	$10 - a$	$5 + a$	10		25
A_2	a	$25 - a$			25
A_3			5	35	40
NM	10	30	15	35	90

$$\tilde{c}_{21} = 90 - 10 + 80 - 0 = 160.$$

Berechnung von $\tilde{c}_{23}$:

	N_1	N_2	N_3	N_4	AM
A_1	10	$5 + a$	$10 - a$		25
A_2		$25 - a$	a		25
A_3			5	35	40
NM	10	30	15	35	90

$$\tilde{c}_{23} = 50 - 0 + 80 - 40 = 90.$$

Berechnung von $\tilde{c}_{24}$:

	N_1	N_2	N_3	N_4	AM
A_1	10	$5+a$	$10-a$		25
A_2		$25-a$		a	25
A_3			$5+a$	$35-a$	40
NM	10	30	15	35	90

$$\tilde{c}_{24} = 70 - 10 + 80 - 40 + 80 - 0 = 180.$$

Berechnung von $\tilde{c}_{31}$:

	N_1	N_2	N_3	N_4	AM
A_1	$10-a$	5	$10+a$		25
A_2		25			25
A_3	a		$5-a$	35	40
NM	10	30	15	35	90

$$\tilde{c}_{31} = 30 - 80 + 40 - 10 = -20.$$

Berechnung von $\tilde{c}_{32}$:

	N_1	N_2	N_3	N_4	AM
A_1	10	$5-a$	$10+a$		25
A_2		25			25
A_3		a	$5-a$	35	40
NM	10	30	15	35	90

$$\tilde{c}_{32} = 60 - 80 + 40 - 80 = -60.$$

Für die Matrix der Größen $\tilde{c}_{ij}$ gilt dann:

		j			
		1	2	3	4
i	1				100
	2	160		90	180
	3	−20	−60		

Da es in der Matrix der Größen $\tilde{c}_{ij}$ negative Einträge gibt, ist die zweite verbesserte Basislösung nicht optimal.

Das kleinste aller $\tilde{c}_{ij}$ ist $\tilde{c}_{32} = -60$:

	N_1	N_2	N_3	N_4	AM
A_1	10	$5-a$	$10+a$		25
A_2		25			25
A_3		a	$5-a$	35	40
NM	10	30	15	35	90

Aus dieser Tabelle erhält man $a = \min(5{,}5) = 5$.

Also lautet die dritte verbesserte Basislösung durch Einsetzen:

	N_1	N_2	N_3	N_4	AM
A_1	10	0	15		25
A_2		25			25
A_3		5		35	40
NM	10	30	15	35	90

Für den Wert der Zielfunktion gilt: $z = 1\,650 - 60 \cdot 5 = 1\,350$.

4. Iteration: Berechnung der vierten verbesserten Basislösung

Für alle sechs freien Stellen muss die Kostenänderung $\tilde{c}_{ij}$ berechnet werden.

Berechnung von $\tilde{c}_{14}$:

	N_1	N_2	N_3	N_4	AM
A_1	10	$0-a$	15	a	25
A_2		25			25
A_3		$5+a$		$35-a$	40
NM	10	30	15	35	90

$$\tilde{c}_{14} = 70 - 10 + 60 - 80 = 40.$$

Berechnung von $\tilde{c}_{21}$:

	N_1	N_2	N_3	N_4	AM
A_1	$10-a$	$0+a$	15		25
A_2	a	$25-a$			25
A_3		5		35	40
NM	10	30	15	35	90

$$\tilde{c}_{21} = 90 - 10 + 80 - 0 = 160.$$

Berechnung von $\tilde{c}_{23}$:

	N_1	N_2	N_3	N_4	AM
A_1	10	$0+a$	$15-a$		25
A_2		$25-a$	a		25
A_3		5		35	40
NM	10	30	15	35	90

$$\tilde{c}_{23} = 50 - 0 + 80 - 40 = 90.$$

Berechnung von $\tilde{c}_{24}$:

	N_1	N_2	N_3	N_4	AM
A_1	10	0	15		25
A_2		$25-a$		a	25
A_3		$5+a$		$35-a$	40
NM	10	30	15	35	90

$$\tilde{c}_{24} = 70 - 10 + 60 - 0 = 120.$$

Berechnung von $\tilde{c}_{31}$:

	N_1	N_2	N_3	N_4	AM
A_1	$10-a$	$0+a$	15		25
A_2		25			25
A_3	a	$5-a$		35	40
NM	10	30	15	35	90

$$\tilde{c}_{31} = 30 - 60 + 80 - 10 = 40.$$

Berechnung von $\tilde{c}_{33}$:

	N_1	N_2	N_3	N_4	AM
A_1	10	$0+a$	$15-a$		25
A_2		25			25
A_3		$5-a$	a	35	40
NM	10	30	15	35	90

$$\tilde{c}_{33} = 80 - 60 + 80 - 40 = 60.$$

Für die Matrix der Größen $\tilde{c}_{ij}$ gilt dann:

		j			
		1	2	3	4
i	1				40
	2	160		90	120
	3	40		60	

Da es in der Matrix der Größen $\tilde{c}_{ij}$ keine negativen Einträge mehr gibt, ist die dritte verbesserte Basislösung optimal.

Also lautet die optimale Lösung:

	N_1	N_2	N_3	N_4	AM
A_1	10	0	15		25
A_2		25			25
A_3		5		35	40
NM	10	30	15	35	90

Für den Wert der Zielfunktion gilt: $z = 1350$.

5.2.4 Die MODI-Methode (optimale Lösung)

Die Berechnung der Kostenänderungen $\tilde{c}_{ij}$ an den freien Stellen bei der Stepping-Stone-Methode ist sehr mühsam, aufwändig und besonders bei etwas größerer Anzahl von Anbietern und Nachfragern sehr zeitintensiv.

Durch eine intelligente mathematische Idee kann dieses Berechnungsverfahren erheblich verkürzt werden. Dazu werden bei jeder Iteration alle Einträge der Kostenmatrix an den Stellen der Basisvariablen mittels folgender Darstellung zerlegt: $c_{ij} = u_i + v_j$. Dies ergibt ein lineares Gleichungssystem, das eine Variable mehr als Gleichungen beinhaltet. Gibt man nun eine Variable fest vor, etwa $u_1 = 0$, so kann das lineare Gleichungssystem gelöst werden. Danach werden für alle anderen Variablen die Summen $z_{ij} = u_i + v_j$ berechnet. So erhält man eine neue Matrix mit den Größen z_{ij}. Die Einträge in der Matrix der Kostenänderungen werden jetzt ganz einfach durch $\tilde{c}_{ij} = c_{ij} - z_{ij}$ berechnet. Anschließend geht das Verfahren in den Schritt 2 der Stepping-Stone-Methode über. Dieser muss aber nur ein einziges Mal durchgeführt werden.

Algorithmus zur MODI-Methode

Start: Man bestimme eine Ausgangslösung, etwa durch die NWE-Regel. Diese wird die erste Basislösung genannt.

Danach erfolgen Iterationen zu jeweils 3 Schritten bis zum Abbruch.

Schritt 1: Bestimmung der neuen Matrix der Größen z_{ij}:

a) An den Stellen der Basisvariablen werden die Werte der Kostenmatrix c_{ij} übernommen.
b) Danach werden die Zeilenbezeichnungen der neuen Tabelle (Matrix) mit u_i und die Spaltenbezeichnungen mit v_j vorgenommen. Das dadurch relativ einfach dargestellte lineare Gleichungssystem wird jetzt gelöst. Setze dabei $u_1 = 0$.
c) Abschließend werden die restlichen Einträge aus den in Teil b) berechneten Variablen ermittelt: $z_{ij} = u_i + v_j$

Schritt 2: Berechnung der Matrix mit den Kostenänderungen $\tilde{c}_{ij}$:

Diese ergeben sich durch $\tilde{c}_{ij} = c_{ij} - z_{ij}$.

Schritt 3: Weiterbehandlung nach einem der folgenden Punkte:

a) Sind alle $\tilde{c}_{ij} > 0$ ist die vorliegende Basislösung optimal und das Verfahren bricht ab.

b) Gibt es mindestens ein $\tilde{c}_{ij} < 0$, so kann die vorliegende Basislösung verbessert werden. Dann wird der kleinste Wert dieser negativen $\tilde{c}_{ij}$ ausgewählt und das größtmögliche $a \geq 0$ dazu ermittelt. Dies geschieht durch den Schritt 2 der Stepping-Stone-Methode (Korrekturen der Form $+a$ bzw. $-a$ an den Stellen der Basisvariablen). Anschließend wird durch Einsetzen dieses $a \geq 0$ die neue verbesserte Basislösung bestimmt. (Hier kann es passieren, dass sich $a = 0$ ergibt. Dadurch werden in der Basislösung nur zwei Nullen getauscht. Anschließend geht das Verfahren wie gewohnt weiter.) Danach erfolgt die nächste Iteration.

c) Sind alle $\tilde{c}_{ij} \geq 0$ und mindestens ein $\tilde{c}_{ij} > 0$, so existieren mehrere optimale Lösungen. Diese werden durch weitere Iterationen ermittelt.

Beispiel 5.1 (MODI-Methode)

Kostenmatrix:

		Nachfrager			
		N_1	N_2	N_3	N_4
Anbieter	A_1	10	80	40	70
	A_2	90	0	50	70
	A_3	30	60	80	10

Auslieferungsmatrix mit Randsummen:

		Nachfrager				Angebots-mengen
		N_1	N_2	N_3	N_4	
Anbieter	A_1	x_{11}	x_{12}	x_{13}	x_{14}	25
	A_2	x_{21}	x_{22}	x_{23}	x_{24}	25
	A_3	x_{31}	x_{32}	x_{33}	x_{34}	40
Nachfrage-mengen		10	30	15	35	90

1. Iteration: erste zulässige Basislösung nach der NWE-Regel

	N_1	N_2	N_3	N_4	AM
A_1	10	15			25
A_2		15	10		25
A_3			5	35	40
NM	10	30	15	35	90

Für den Wert der Zielfunktion gilt:

$$z = 10 \cdot 10 + 15 \cdot 80 + 15 \cdot 0 + 10 \cdot 50 + 5 \cdot 80 + 35 \cdot 10 = 2\,550.$$

2. Iteration: ausführliche Berechnung der zweiten verbesserten Basislösung

1a. Schritt: Matrix der Größen z_{ij} nach Übernahme der Größen c_{ij} für die Basisvariablen:

		Nachfrager			
		N_1	N_2	N_3	N_4
Anbieter	A_1	10	80		
	A_2		0	50	
	A_3			80	10

1b. Schritt: Matrix der Größen z_{ij} und Berechnung der Größen u_i und v_j:

		v_j				
		10	80	130	60	
u_i	0	10	80			1
	−80		0	50		4
	−50			80	10	6
		2	3	5	7	

Die ganz rechte Spalte und die unterste Zeile geben die Reihenfolge an, in der die u_i und v_j berechnet werden.

1c. Schritt: Matrix der Größen z_{ij} nach Berechnung der noch fehlenden Matrizenelemente aus den in Schritt 1b) berechneten Größen u_i und v_j:

		v_j			
		10	80	130	60
u_i	0	10	80	130	60
	−80	−70	0	50	−20
	−50	−40	30	80	10

2. Schritt: Matrix der Größen $\tilde{c}_{ij} = c_{ij} - z_{ij}$:

		v_j			
		10	80	130	60
u_i	0	0	0	−90	10
	−80	160	0	0	90
	−50	70	30	0	0

Da es in der Matrix der Größen $\tilde{c}_{ij}$ negative Einträge gibt, ist die erste zulässige Basislösung nicht optimal.

3. Schritt: Auswahl und Stepping-Stone:

	N_1	N_2	N_3	N_4	AM
A_1	10	$15 - a$	a		25
A_2		$15 + a$	$10 - a$		25
A_3			5	35	40
NM	10	30	15	35	90

Aus dieser Tabelle erhält man $a = \min(15,10) = 10$.

4. Schritt: zweite verbesserte Basislösung durch Einsetzen:

	N_1	N_2	N_3	N_4	AM
A_1	10	5	10		25
A_2		25			25
A_3			5	35	40
NM	10	30	15	35	90

Für den Wert der Zielfunktion gilt: $z = 2550 - 90 \cdot 10 = 1650$.

3. Iteration: Berechnung der dritten verbesserten Basislösung

Es wird im Folgenden keine ausführliche Berechnung wie in der 2. Iteration durchgeführt, da die Schritte 1a-1c gleichzeitig in einem Schritt erfolgen können.

1. Schritt: Matrix der Größen z_{ij} nach Übernahme der Größen c_{ij} für die Basisvariablen, Berechnung der Größen u_i und v_j und Berechnung der fehlenden Matrizenelemente:

		v_j			
		10	80	40	−30
u_i	0	10	80	40	−30
	−80	−70	0	−40	−110
	40	50	120	80	10

2. Schritt: Matrix der Größen $\tilde{c}_{ij} = c_{ij} - z_{ij}$:

		v_j			
		10	80	40	−30
u_i	0	0	0	0	100
	−80	160	0	90	180
	40	−20	−60	0	0

Da es in der Matrix der Größen $\tilde{c}_{ij}$ negative Einträge gibt, ist die erste zulässige Basislösung nicht optimal.

3. Schritt: Auswahl und Stepping-Stone:

	N_1	N_2	N_3	N_4	AM
A_1	10	$5-a$	$10+a$		25
A_2		25			25
A_3		a	$5-a$	35	40
NM	10	30	15	35	90

Aus dieser Tabelle erhält man $a = \min(5{,}5) = 5$.

Also lautet die dritte verbesserte Basislösung durch Einsetzen:

	N_1	N_2	N_3	N_4	AM
A_1	10	0	15		25
A_2		25			25
A_3		5		35	40
NM	10	30	15	35	90

Für den Wert der Zielfunktion gilt: $z = 1650 - 60 \cdot 5 = 1350$.

4. Iteration: Berechnung der vierten verbesserten Basislösung

1. Schritt: Matrix der Größen z_{ij} nach Übernahme der Größen c_{ij} für die Basisvariablen, Berechnung der Größen u_i und v_j und Berechnung der noch fehlenden Matrizenelemente:

		v_j			
		10	80	40	30
u_i	0	10	80	40	30
	−80	−70	0	−40	−50
	−20	−10	60	20	10

2. Schritt: Matrix der Größen $\tilde{c}_{ij} = c_{ij} - z_{ij}$:

		v_j			
		10	80	40	−30
u_i	0	0	0	0	40
	−80	160	0	90	120
	−20	40	0	60	0

Da es in der Matrix der Größen $\tilde{c}_{ij}$ keine negativen Einträge mehr gibt, ist die dritte verbesserte Basislösung optimal.

Also lautet die optimale Lösung:

	N_1	N_2	N_3	N_4	AM
A_1	10	0	15		25
A_2		25			25
A_3		5		35	40
NM	10	30	15	35	90

Für den Wert der Zielfunktion gilt: $z = 1\,650 - 60 \cdot 5 = 1\,350$.

5.2.5 Das lineare Zuordnungsproblem

Das lineare Zuordnungsproblem stellt einen Spezialfall der Transportprobleme dar. Hier werden n verschiedene Aufgaben (Anbieter) durch n verschiedene Ausführende (Nachfrager) durchgeführt. Jede Aufgabe wird genau einmal von genau einem der Ausführenden erledigt. Eine Kostenmatrix stellt die Kosten durch die einzelnen Ausführenden in Abhängigkeit von den Aufgaben dar.

Mathematisches Modell für lineare Zuordnungsprobleme

Gegeben seien n Aufgaben $A_i, 1 \leq i \leq n$ und n Ausführende $N_j, 1 \leq j \leq n$. Dabei kann eine Aufgabe von jedem Ausführenden erledigt werden. Die Kosten für die Erledigung der Aufgabe A_i durch den Ausführenden N_j betragen c_{ij}. Jede Aufgabe muss erledigt werden und jeder Ausführende muss eingesetzt werden. Die Variablen x_{ij} bezeichnen, ob die Aufgabe A_i durch den Ausführenden N_j erledigt wird oder nicht.

Damit erhält man das folgende Minimierungsproblem:

$$\text{Minimiere die Funktion } z = \sum_{i=1}^{n} \sum_{j=1}^{n} c_{ij} \cdot x_{ij}$$

unter den Nebenbedingungen

$$\sum_{j=1}^{n} x_{ij} = 1, 1 \leq i \leq n$$

$$\sum_{i=1}^{n} x_{ij} = 1, 1 \leq j \leq n$$

und $x_{ij} \in \{0,1\}$.

Im folgenden Beispiel wird gezeigt, wie ein lineares Zuordnungsproblem mit der MODI-Methode gelöst wird.

Beispiel 5.2

Gegeben sei ein lineares Zuordnungsproblem mit 4 verschiedenen Aufgaben, die durch 4 verschiedene Ausführende durchgeführt werden. Die Kostenmatrix und die Zuordnungsmatrix sind in den beiden folgenden Tabellen dargestellt.

Kostenmatrix:

		Nachfrager			
		N_1	N_2	N_3	N_4
Anbieter	A_1	19	20	30	17
	A_2	18	24	35	20
	A_3	32	37	35	32
	A_4	25	31	20	25

Zuordnungsmatrix mit Randsummen:

		Nachfrager				Angebots-mengen
		N_1	N_2	N_3	N_4	
Anbieter	A_1	x_{11}	x_{12}	x_{13}	x_{14}	1
	A_2	x_{21}	x_{22}	x_{23}	x_{24}	1
	A_3	x_{31}	x_{32}	x_{33}	x_{34}	1
	A_4	x_{41}	x_{42}	x_{43}	x_{44}	1
Nachfrage-mengen		1	1	1	1	4

1. Iteration: erste zulässige Basislösung nach der NWE-Regel

	N_1	N_2	N_3	N_4	AM
A_1	1				1
A_2	0	1			1
A_3		0	1		1
A_4			0	1	1
NM	1	1	1	1	4

Für den Wert der Zielfunktion gilt: $z = 1 \cdot 19 + 1 \cdot 24 + 1 \cdot 35 + 1 \cdot 25 = 103$.

2. Iteration: Berechnung der zweiten verbesserten Basislösung

1. Schritt: Matrix der Größen z_{ij} nach Übernahme der Größen c_{ij} für die Basisvariablen, Berechnung der Größen u_i und v_j und Berechnung der fehlenden Matrizenelemente:

		v_j			
		19	25	23	28
u_i	0	19	25	23	28
	−1	18	24	22	27
	12	31	37	35	40
	−3	16	22	20	25

2. Schritt: Matrix der Größen $\tilde{c}_{ij} = c_{ij} - z_{ij}$:

		v_j			
		19	25	23	28
u_i	0	0	−5	7	−11
	−1	0	0	13	−7
	12	1	0	0	−8
	−3	9	9	0	0

Da es in der Matrix der Größen $\tilde{c}_{ij}$ negative Einträge gibt, ist die erste zulässige Basislösung nicht optimal.

3. Schritt: Auswahl und Stepping-Stone:

	N_1	N_2	N_3	N_4	AM
A_1	$1 - a$			a	1
A_2	$0 + a$	$1 - a$			1
A_3		$0 + a$	$1 - a$		1
A_4			$0 + a$	$1 - a$	1
NM	1	1	1	1	4

Aus dieser Tabelle erhält man $a = \min(1, 1, 1, 1) = 1$.

4. Schritt: zweite verbesserte Basislösung durch Einsetzen:

	N_1	N_2	N_3	N_4	AM
A_1				1	1
A_2	1	0			1
A_3		1	0		1
A_4			1	0	1
NM	1	1	1	1	4

Für den Wert der Zielfunktion gilt: $z = 103 - 1 \cdot 11 = 92$.

3. Iteration: Berechnung der dritten verbesserten Basislösung

1. Schritt: Matrix der Größen z_{ij} nach Übernahme der Größen c_{ij} für die Basisvariablen, Berechnung der Größen u_i und v_j und Berechnung der fehlenden Matrizenelemente:

		v_j			
		8	14	12	17
u_i	0	8	14	12	17
	10	18	24	22	27
	23	31	37	35	40
	8	16	22	20	25

2. Schritt: Matrix der Größen $\tilde{c}_{ij} = c_{ij} - z_{ij}$:

		v_j			
		8	14	12	17
u_i	0	11	6	18	0
	10	0	0	13	−7
	23	1	0	0	−8
	8	0	9	0	0

Da es in der Matrix der Größen $\tilde{c}_{ij}$ negative Einträge gibt, ist die zweite verbesserte Basislösung nicht optimal.

3. Schritt: Auswahl und Stepping-Stone:

	N_1	N_2	N_3	N_4	AM
A_1				1	1
A_2	1	0			1
A_3		1	$0 - a$	a	1
A_4			$1 + a$	$0 - a$	1
NM	1	1	1	1	4

Aus dieser Tabelle erhält man $a = \min(0, 0) = 0$.

4. Schritt: dritte verbesserte Basislösung durch Einsetzen:

	N_1	N_2	N_3	N_4	AM
A_1				1	1
A_2	1	0			1
A_3		1		0	1
A_4			1	0	1
NM	1	1	1	1	4

Für den Wert der Zielfunktion gilt: $z = 92 - 0 \cdot 8 = 92$.

4. Iteration: Berechnung der vierten verbesserten Basislösung

1. Schritt: Matrix der Größen z_{ij} nach Übernahme der Größen c_{ij} für die Basisvariablen, Berechnung der Größen u_i und v_j und Berechnung der fehlenden Matrizenelemente:

		v_j			
		16	22	12	17
u_i	0	16	22	12	17
	2	18	24	14	19
	15	31	37	27	32
	8	24	30	20	25

2. Schritt: Matrix der Größen $\tilde{c}_{ij} = c_{ij} - z_{ij}$:

		v_j			
		16	22	12	17
u_i	0	3	−2	18	0
	2	0	0	21	1
	15	1	0	8	0
	8	1	1	0	0

Da es in der Matrix der Größen $\tilde{c}_{ij}$ negative Einträge gibt, ist die dritte verbesserte Basislösung nicht optimal.

3. Schritt: Auswahl und Stepping-Stone:

	N_1	N_2	N_3	N_4	AM
A_1		a		$1-a$	1
A_2	1	0			1
A_3		$1-a$		$0+a$	1
A_4			1	0	1
NM	1	1	1	1	4

Aus dieser Tabelle erhält man $a = \min(1,1) = 1$.

4. Schritt: vierte verbesserte Basislösung durch Einsetzen:

	N_1	N_2	N_3	N_4	AM
A_1		1			1
A_2	1	0			1
A_3		0		1	1
A_4			1	0	1
NM	1	1	1	1	4

Für den Wert der Zielfunktion gilt: $z = 92 - 1 \cdot 2 = 90$.

5. Iteration: Berechnung der fünften verbesserten Basislösung

1. Schritt: Matrix der Größen z_{ij} nach Übernahme der Größen c_{ij} für die Basisvariablen, Berechnung der Größen u_i und v_j und Berechnung der fehlenden Matrizenelemente:

		v_j			
		14	20	10	15
u_i	0	14	20	10	15
	4	18	24	14	19
	17	31	37	27	32
	10	24	30	20	25

2. Schritt: Matrix der Größen $\tilde{c}_{ij} = c_{ij} - z_{ij}$:

		v_j			
		14	20	10	15
u_i	0	5	0	20	2
	4	0	0	21	1
	17	1	0	8	0
	10	1	1	0	0

Da es in der Matrix der Größen $\tilde{c}_{ij}$ keine negativen Einträge mehr gibt, ist die vierte verbesserte Basislösung optimal.

Also lautet die optimale Lösung:

	N_1	N_2	N_3	N_4	AM
A_1		1			1
A_2	1	0			1
A_3		0		1	1
A_4			1	0	1
NM	1	1	1	1	4

Für den Wert der Zielfunktion gilt: $z = 90$.

Bemerkung:

Alternativ dazu kann bei kleinen n das lineare Zuordnungsproblem auch durch stures Berechnen aller möglichen $n!$ verschiedenen Varianten gelöst werden.
Da es hier nur 24 verschiedene Möglichkeiten gibt, sind diese in der folgenden Tabelle angegeben.

Ausführender Nr.				**Kosten für den Ausführenden Nr.**				**Gesamtkosten**
1	**2**	**3**	**4**	**1**	**2**	**3**	**4**	
erledigt welche Aufgabe								
1	2	3	4	19	24	35	25	103
1	2	4	3	19	24	20	32	95
1	3	2	4	19	37	35	25	116
1	3	4	2	19	37	20	20	96
1	4	2	3	19	31	35	32	117
1	4	3	2	19	31	35	20	105
2	1	3	4	18	20	35	25	98
2	1	4	3	18	20	20	32	90
2	3	1	4	18	37	30	25	110
2	3	4	1	18	37	20	17	92
2	4	1	3	18	31	30	32	111
2	4	3	1	18	31	35	17	101
3	1	2	4	32	20	35	25	112
3	1	4	2	32	20	20	20	92
3	2	1	4	32	24	30	25	111
3	2	4	1	32	24	20	17	93
3	4	1	2	32	31	30	20	113
3	4	2	1	32	31	35	17	115
4	1	2	3	25	20	35	32	112
4	1	3	2	25	20	35	20	100
4	2	1	3	25	24	30	32	111
4	2	3	1	25	24	35	17	101
4	3	1	2	25	37	30	20	112
4	3	2	1	25	37	35	17	114

5.3 Aufgaben

Aufgabe 1

Gegeben sei ein Transportproblem mit zwei Anbietern und drei Nachfragern. Die Angebotsmengen der Anbieter A_1 und A_2 sind 20 und 30 Einheiten. Die Nachfragemengen der Kunden N_1, N_2 und N_3 sind 10, 20 und 20 Einheiten.

Die Transportkosten pro Einheit von den einzelnen Anbietern zu den jeweiligen Kunden betragen

		Nachfrager		
		N_1	N_2	N_3
Anbieter	A_1	5	10	8
	A_2	8	5	8

a) Bestimmen Sie eine Basislösung mit der Nordwest-Ecken-Regel.
b) Bestimmen Sie eine Basislösung nach dem Vogelschen Approximationsverfahren.
c) Bestimmen Sie mit der Stepping-Stone-Methode und der MODI-Methode die optimale Lösung, um die gesamten Transportkosten zu minimieren. Benutzen Sie als Anfangslösung die Basislösung der Nordwest-Ecken-Regel.

Aufgabe 2

Gegeben sei ein Transportproblem mit drei Anbietern und vier Nachfragern. Die Angebotsmengen der Anbieter A_1, A_2 und A_3 sind 20, 40 und 90 Einheiten. Die Nachfragemengen der Kunden N_1, N_2, N_3 und N_4 sind 30, 40, 60 und 20 Einheiten.

Die Transportkosten pro Einheit von den einzelnen Anbietern zu den jeweiligen Kunden betragen

		Nachfrager			
		N_1	N_2	N_3	N_4
Anbieter	A_1	5	8	10	2
	A_2	4	6	2	10
	A_3	6	3	5	6

a) Bestimmen Sie eine Basislösung mit der Nordwest-Ecken-Regel.
b) Bestimmen Sie eine Basislösung nach dem Vogelschen Approximationsverfahren.
c) Bestimmen Sie mit der Stepping-Stone-Methode und der MODI-Methode die optimale Lösung, um die gesamten Transportkosten zu minimieren. Benutzen Sie als Anfangslösung die Basislösung der Nordwest-Ecken-Regel.

Aufgabe 3

Gegeben sei ein Transportproblem mit sieben Anbietern und sieben Nachfragern. Die Angebotsmengen der Anbieter $A_1, A_2, A_3, A_4, A_5, A_6$ und A_7 sind 300, 1 000, 600, 400, 800, 400 und 500 Einheiten. Die Nachfragemengen der Kunden $N_1, N_2, N_3, N_4, N_5, N_6$ und N_7 sind 500, 800, 300, 600, 700, 400 und 700 Einheiten.

Die Transportkosten pro Einheit von den einzelnen Anbietern zu den jeweiligen Kunden betragen

		Nachfrager						
		N_1	N_2	N_3	N_4	N_5	N_6	N_7
Anbieter	A_1	10	12	8	12	10	7	11
	A_2	20	18	22	15	13	17	18
	A_3	8	10	12	11	9	12	10
	A_4	16	13	8	11	7	10	12
	A_5	10	12	8	13	15	11	7
	A_6	12	5	10	7	12	9	13
	A_7	9	15	12	10	11	13	11

a) Bestimmen Sie eine Basislösung mit der Nordwest-Ecken-Regel.
b) Bestimmen Sie eine Basislösung nach dem Vogelschen Approximationsverfahren.
c) Bestimmen Sie mit der Stepping-Stone-Methode und der MODI-Methode die optimale Lösung, um die gesamten Transportkosten zu minimieren. Benutzen Sie als Anfangslösung die Basislösung der Nordwest-Ecken-Regel.

6 Ganzzahlige lineare Optimierung

Im Unterschied zur linearen Optimierung aus den Kapiteln 2 und 3 können die Variablen bei der ganzzahligen linearen Optimierung nur Werte aus der Menge der natürlichen Zahlen einschließlich der Zahl 0 annehmen. Aus diesem Grund kann das Simplex-Verfahren in den meisten Fällen nicht verwendet werden.

6.1 Ganzzahlige lineare Optimierung mit zwei Variablen

Völlig analog zur linearen Optimierung mit zwei Variablen erhält man das mathematische Modell.

Mathematisches Modell der ganzzahligen linearen Optimierung mit zwei Variablen

Gegeben sei ein lineares Ungleichungssystem mit m Ungleichungen und zwei Variablen der Form

$$\begin{aligned} a_{11} \cdot x_1 &+ a_{12} \cdot x_2 \leq b_1 \\ a_{21} \cdot x_1 &+ a_{22} \cdot x_2 \leq b_2 \\ &\vdots \\ a_{m1} \cdot x_1 &+ a_{m2} \cdot x_2 \leq b_m \end{aligned}$$

und eine lineare Zielfunktion $z = c_1 \cdot x_1 + c_2 \cdot x_2$
mit $a_{ij} \in \mathbb{R}, 1 \leq i \leq m, 1 \leq j \leq 2, b_i \in \mathbb{R}, 1 \leq i \leq m$ und $c_k \in \mathbb{R}, 1 \leq k \leq 2$.

Gesucht ist das Minimum bzw. das Maximum der Zielfunktion für $x_j \in \mathbb{N}_0, 1 \leq j \leq 2$.

Die Lösung erfolgt nahezu identisch zu derjenigen aus Abschnitt 2.2. Der Unterschied liegt darin begründet, dass der zulässige Bereich jetzt nur noch aus Gitterpunkten besteht. Deshalb werden bei der rechnerischen Lösung alle Gitterpunkte auf dem Rand berechnet, bei der zeichnerischen Lösung wird die Gerade an den zulässigen Bereich geschoben, bis man den ersten Gitterpunkt erreicht.

Im folgenden **Beispiel 6.1** wird dies vorgeführt:

Ein Unternehmen, das exklusive Schmuckartikel fertigt, stellt in einer neuen Produktlinie Ketten und Ringe her. Aufgrund von Problemen beim Einkauf von Juwelen können insgesamt höchstens 7 Produkte hergestellt werden. Außerdem können höchstens 5 Ketten hergestellt werden. Für die Fertigung stehen insgesamt 85 Tage zur Verfügung, wobei für die Herstellung einer Kette 4 Tage und für die Herstellung eines Rings 20 Tage benötigt werden. Der Gewinn beim Verkauf einer Kette beträgt 7 000€, derjenige beim Verkauf eines Rings beträgt 22 000€. Die Firma möchte ihren Gesamtgewinn maximieren.

1. Definition der Variablen:

   x_1 sei die Anzahl der hergestellten Ketten.

   x_2 sei die Anzahl der hergestellten Ringe.

   Formulierung des linearen Ungleichungssystems:

   $$x_1 + x_2 \leq 7$$
   $$x_1 \geq 5$$
   $$4x_1 + 20x_2 \leq 85.$$

   Formulierung der Zielfunktion:

   $$z = 7\,000x_1 + 22\,000x_2 = \max.$$

2. Bestimmung der Lösungsmenge des linearen Ungleichungssystems:

   Alle Ungleichungen werden nach x_2 aufgelöst und die dazugehörigen Geraden bzw. Halbebenen in ein kartesisches Koordinatensystem eingezeichnet. Anschließend wird der zulässige Bereich ermittelt.

   $$x_1 + x_2 \leq 7 \Rightarrow x_2 \leq 7 - x_1$$
   $$x_1 \geq 5$$
   $$4x_1 + 20x_2 \leq 85 \Rightarrow x_2 \leq \frac{17}{4} - \frac{1}{5}x_1.$$

   Im folgenden Schaubild ist der zulässige Bereich der Gitterpunkte dargestellt:

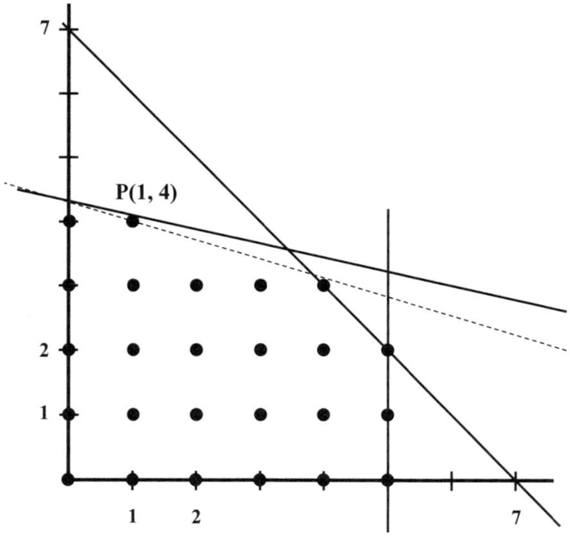

Abb. 6.1 zulässiger Bereich und Gitterpunkte

Durch Schieben einer Gerade mit der Steigung $m = -\frac{7}{22}$ von oben an den Bereich der Gitterpunkte erhält man als Lösung den Punkt $P(1, 4)$ mit $z = 95\,000$.

Alternativ dazu könnte man auch die 18 Gitterpunkte auf dem Rand des zulässigen Bereichs in die Zielfunktion einsetzen, was allerdings deutlich mehr Aufwand darstellt.

6.2 Ganzzahlige lineare Optimierung mit drei und mehr Variablen

Völlig analog zur linearen Optimierung mit drei und mehr Variablen erhält man das mathematische Modell.

Mathematisches Modell der ganzzahligen linearen Optimierung mit drei und mehr Variablen

Gegeben sei ein lineares Ungleichungssystem mit m Ungleichungen und n Variablen der Form

$$\begin{array}{ccccccccc} a_{11}\cdot x_1 & + & a_{12}\cdot x_2 & + & \cdots & + & a_{1n}\cdot x_n & \leq & b_1 \\ a_{21}\cdot x_1 & + & a_{22}\cdot x_2 & + & \cdots & + & a_{2n}\cdot x_n & \leq & b_2 \\ \vdots & & & & & & & & \\ a_{m1}\cdot x_1 & + & a_{m2}\cdot x_2 & + & \cdots & + & a_{mn}\cdot x_n & \leq & b_m \end{array}$$

und eine lineare Zielfunktion $z = c_1 \cdot x_1 + c_2 \cdot x_2 + \cdots c_n \cdot x_n$,

mit $a_{ij} \in \mathbb{R}, 1 \leq i \leq m, 1 \leq j \leq n, b_i \in \mathbb{R}, 1 \leq i \leq m$ und $c_k \in \mathbb{R}, 1 \leq k \leq n$.

Gesucht ist das Minimum der Zielfunktion für $x_j \in \mathbb{N}_0, 1 \leq j \leq n$.

Die Lösung erfolgt mit dem sogenannten Branch-and-Bound-Verfahren.

Branch-and-Bound-Verfahren (ganzzahlige lineare Optimierung) für Maximierungsprobleme

1. Schritt: Branching oder Verzweigen

Das Ausgangsproblem A_0 wird in zwei Teilprobleme A_1 und A_2 verzweigt, so dass die Vereinigung der Lösungen der beiden Teilprobleme die Lösung von A_0 ergibt und gleichzeitig der Schnitt der Lösungen der beiden Teilprobleme leer ist. Dies geschieht dadurch, dass nach einer der Variablen mittels $x_i \leq a \in N_0$ und $x_i \geq a + 1$ verzweigt wird. Die so erhaltenen Teilprobleme können weiter verzweigt werden, so dass ein Baum von Problemen entsteht.

2. Schritt: Bounding oder Finden von Schranken und endgültiges Bewerten der Teilprobleme

Es wird eine beliebige Anfangslösung (etwa durch Probieren) bestimmt. Daraus erhält man eine untere Schranke $\underline{z}$ für den Wert der Zielfunktion der optimalen Lösung. Danach bildet man für alle Teilprobleme A_i jeweils ein abgeschwächtes Problem $\tilde{A}_i$ durch Weglassen der Bedingung der Ganzzahligkeit der Lösung. Dieses abgeschwächte Problem wird mit dem Simplex-Algorithmus aus Kapitel 3 gelöst. Jede Lösung dieser Probleme $\tilde{A}_i$ definiert eine obere Schranke $\bar{z}_i$ für den Wert der Zielfunktion der optimalen Lösung.

3. Schritt: Endgültiges Bewerten der Teilprobleme

Es wird versucht, jedes Teilproblem endgültig zu bewerten, bis einer der drei Fälle eintritt:

Fall 1: $\bar{z}_i \leq \underline{z}$
Die Lösung von $\tilde{A}_i$ ist schlechter als die bisher beste Lösung.

Fall 2: $\bar{z}_i > \underline{z}$ und die Lösung von $\tilde{A}_i$ ist zulässig für A_i.
Man hat eine bessere Lösung gefunden und man setzt $\underline{z} = \bar{z}_i$.

Fall 3: $\tilde{A}_i$ hat keine Lösung

Abbruch: Das Problem A_0 wird solange verzweigt, bis alle Teilprobleme, die am Ende des Baums sind, endgültig bewertet sind. Dann ist die optimale Lösung gefunden. Häufig wird dabei nach der MUB-Regel (minimal upper bound) vorgegangen und stets unter den verbleibenden Teilproblemen dasjenige mit der größten oberen Schranke weiter verzweigt.

Bemerkung: Bei Minimierungsproblemen müssen im oben angegebenen Verfahren obere durch untere Schranken und umgekehrt ersetzt werden und die Zeichen sämtlicher Ungleichungen gedreht werden. Außerdem wird die MLB-Regel (minimal lower bound) verwendet.

Im folgenden **Beispiel 6.2** wird das Branch-and-Bound-Verfahren vorgeführt:

$$x_1 + x_2 + 2x_3 \leq 15$$
$$3x_1 + 6x_2 + 4x_3 \leq 50$$
$$5x_1 + 4x_2 + 5x_3 \leq 43$$
$$z = 4x_1 + 3x_2 + 5x_3 = \max.$$

Branch-and-Bound-Verfahren:

Eine Anfangslösung ist $P(0,0,0)$mit $\underline{z} = 0$.

Problem A_0:
Der Simplex-Algorithmus für das Problem $\tilde{A}_0$ führt auf die Lösung $P_0(2.2, 0, 6.4)$ mit $\bar{z}_0 = 40.8$. Also wird A_0 verzweigt in A_1 und A_2 durch $x_3 \leq 6$ bzw. $x_3 \geq 7$.

Problem A_1:
Der Simplex-Algorithmus für das Problem $\tilde{A}_1$ führt auf die Lösung $P_1(2.6, 0, 6)$ mit $\bar{z}_1 = 40.4$. Diese ist nicht zulässig für A_1.

Problem A_2:
Der Simplex-Algorithmus für das Problem $\tilde{A}_2$ führt auf die Lösung $P_2(1, 0, 7)$ mit $\bar{z}_2 = 39$. Diese Lösung ist zulässig und es gilt $\underline{z} = 39$.

Nach dieser Verzweigung ist A_2 endgültig bewertet. Deshalb wird A_1 verzweigt in A_3 und A_4 durch $x_1 \leq 2$ bzw. $x_1 \geq 3$.

Problem A_3:
Der Simplex-Algorithmus für das Problem $\tilde{A}_3$ führt auf die Lösung $P_3(2, 0.75, 6)$ mit $\bar{z}_3 = 40.25$. Diese ist nicht zulässig für A_3.

Problem A_4:
Der Simplex-Algorithmus für das Problem $\tilde{A}_4$ führt auf die Lösung $P_4(3, 0, 5.6)$ mit $\bar{z}_4 = 40$. Diese ist nicht zulässig für A_4.

Nach dieser Verzweigung verbleiben die Teilprobleme A_3 und A_4. Da A_3 die größere obere Schranke besitzt, wird A_3 verzweigt in A_5 und A_6 durch $x_2 = 0$ bzw. $x_2 \geq 1$. Das Teilproblem A_4 bleibt noch erhalten.

Problem A_5:
Der Simplex-Algorithmus für das Problem $\tilde{A}_5$ führt auf die Lösung $P_5(2, 0, 6)$ mit $\bar{z}_5 = 38$.

Diese Lösung ist zwar zulässig, aber schlechter als diejenige von A_2. Damit ist A_5 endgültig bewertet.

Problem A_6:
Der Simplex-Algorithmus für das Problem $\tilde{A}_6$ führt auf die Lösung $P_6(1.8, 1, 6)$ mit $\bar{z}_6 = 40.2$. Diese ist nicht zulässig für A_6.

Nach dieser Verzweigung verbleiben die Teilprobleme A_4 und A_6. Da A_6 die größere obere Schranke besitzt, wird A_6 verzweigt in A_7 und A_8 durch $x_1 \leq 1$ bzw. $x_1 \geq 2$. Das Teilproblem A_4 bleibt noch erhalten.

Problem A_7:
Der Simplex-Algorithmus für das Problem $\tilde{A}_7$ führt auf die Lösung $P_7(1, 2, 6)$ mit $\bar{z}_7 = 40$.

Diese Lösung ist zulässig und es gilt $\underline{z} = 40$.

Problem A_8:
Der Simplex-Algorithmus für das Problem $\tilde{A}_8$ führt auf die Lösung $P_8(2, 1, 5.8)$ mit $\bar{z}_8 = 40$. Die Lösung ist nicht besser als diejenige von A_7. Damit ist A_8 endgültig bewertet.

Nach dieser Verzweigung verbleibt nur noch das Teilproblem A_4. Dessen Lösung ist aber auch nicht besser als diejenige von A_7. Damit ist auch A_4 endgültig bewertet.

Nach dieser Verzweigung sind alle Enden des Baums endgültig bewertet und die optimale Lösung ist $P_7(1, 2, 6)$ mit $z = 40$.

Abschließend wird der ganze Baum angegeben:

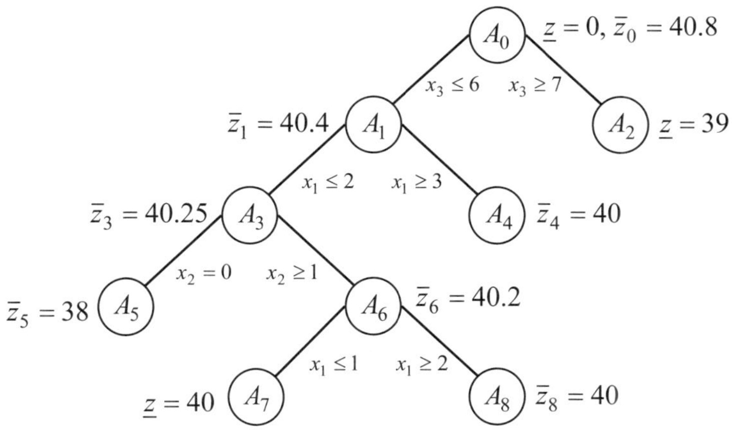

6.3 Binäre lineare Optimierung

Sind alle Variablen ausschließlich aus der Menge $\{0, 1\}$, so spricht man von binärer Optimierung. Die Lösung erfolgt wie in Abschnitt 6.2 mit dem Branch-and-Bound-Verfahren.

Deshalb wird in diesem Teil nur ein spezielles Problem aus der binären Optimierung, das Rucksack-Problem, besprochen.

Mathematisches Modell des Rucksack-Problems

n Gegenstände E_i mit den einzelnen Gewichten g_i können in einen Rucksack gepackt werden, der ein Gesamtgewicht von höchstens G haben darf. Jeder Gegenstand hat einen Nutzen c_i.

Welche Gegenstände sollen eingepackt werden, damit der Nutzen maximal wird?

Gegeben sei also eine lineare Ungleichung

$$\sum_{i=1}^{n} g_i \cdot x_i \leq G$$

und eine lineare Zielfunktion $z = c_1 \cdot x_1 + c_2 \cdot x_2 + \cdots + c_n \cdot x_n$

mit $g_i \in \mathbb{R}^+, 1 \leq i \leq n$ und $c_i \in \mathbb{R}^+, 1 \leq i \leq n$.

Gesucht ist das Maximum der Zielfunktion für $x_i \in \{0, 1\}$.

Die Lösung erfolgt wieder mit einem Branch-and-Bound-Verfahren. Dabei müssen aber die einzelnen abgeschwächten Probleme nicht mit dem Simplex-Algorithmus gelöst werden, denn es gilt die folgende Eigenschaft:

Sortiert man die Gegenstände nach fallendem relativem Nutzen c_i/g_i, so werden bei der Lösung der abgeschwächten Teilprobleme solange die möglichen Gegenstände in dieser Reihenfolge eingepackt, bis die Gleichheit in der Ungleichung erfüllt ist. Dabei wird vom letzten Gegenstand durchaus nur ein Bruchteil eingepackt.

Die Verzweigung erfolgt wieder nach der MUB-Regel und nach dem Gegenstand mit dem größten relativen Nutzen.

Dieses Verfahren wird an folgendem **Beispiel 6.3** gezeigt:

Eine Fußballmannschaft besitzt unter anderem 6 Spitzenspieler. Da der Verein massiv verschuldet ist und der Lizenzentzug droht, sollen Spieler im Gesamtwert von 90 000 000€ verkauft werden. Die Spieler haben folgende Marktwerte in Mio. €: 40, 10, 30, 30, 15, 20. Im Zuge des Verkaufs erleidet der Verein aber Zuschauerverluste, die von den einzelnen Spielern abhängen (in der Reihenfolge der Marktwerte): 5 000, 3 000, 6 000, 4 500, 6 000 bzw. 5 000 Zuschauer. Minimieren Sie den Schaden unter Einhaltung des Mindesterlöses, d.h. welche Spieler müssen verkauft werden, damit der Verein seine Schulden begleichen kann und gleichzeitig möglichst wenig Zuschauer verliert?

Gesucht ist das Minimum der Zielfunktion

$$z = 5000x_1 + 3000x_2 + 6000x_3 + 4500x_4 + 6000x_5 + 5000x_6$$

unter der Nebenbedingung $40x_1 + 10x_2 + 30x_3 + 30x_4 + 15x_5 + 20x_6 \geq 90$.

x_i sind dabei die Binärvariablen für den Verkauf der sechs Spieler.

Da es sich hier um ein Minimierungsproblem handelt, müssen alle Sachverhalte, wie schon weiter oben beschrieben, umgedreht werden.

Für die relativen Nutzen (= Zuschauerverluste) der einzelnen Spieler gilt:

$$\frac{5\,000}{40} = 125, \frac{3\,000}{10} = 300, \frac{6\,000}{30} = 200, \frac{4\,500}{30} = 150, \frac{6\,000}{15} = 400 \text{ und } \frac{5\,000}{20} = 250.$$

Die Spieler werden nach steigenden relativen Verlusten sortiert: 1, 4, 3, 6, 2 und 5.

Eine Anfangslösung ist $P(1,1,1,0,1,0)$ mit $\bar{z} = 20\,000$.

Problem A_0:
Das Problem $\tilde{A}_0$ hat die Lösung $P_0(1,0,2/3,1,0,0)$ mit $\underline{z}_0 = 13\,500$. Also wird A_0 verzweigt in A_1 und A_2 durch $x_1 = 0$ bzw. $x_1 = 1$.

Problem A_1:
Das Problem $\tilde{A}_1$ hat die Lösung $P_1(0,1,1,1,0,1)$ mit $\underline{z}_1 = 18\,500$. Diese Lösung ist zulässig und es gilt $\bar{z} = 18\,500$.

Problem A_2:
Das Problem $\tilde{A}_2$ hat die Lösung $P_2(1,0,2/3,1,0,0)$ mit $\underline{z}_2 = 13\,500$. Diese ist nicht zulässig für A_2.

Nach dieser Verzweigung ist A_1 endgültig bewertet. Deshalb wird A_2 verzweigt in A_3 und A_4 durch $x_4 = 0$ bzw. $x_4 = 1$.

Problem A_3:
Das Problem $\tilde{A}_3$ hat die Lösung $P_3(1,0,1,0,0,1)$ mit $\underline{z}_3 = 16\,000$.

Diese Lösung ist zulässig und es gilt $\bar{z} = 16000$. Damit scheidet $P_1(0,1,1,1,0,1)$ als Lösung aus.

Problem A_4:
Das Problem $\tilde{A}_4$ hat die Lösung $P_4(1,0,2/3,1,0,0)$ mit $\underline{z}_4 = 13\,500$. Diese ist nicht zulässig für A_4.

Nach dieser Verzweigung ist A_3 endgültig bewertet. Deshalb wird A_4 verzweigt in A_5 und A_6 durch $x_3 = 0$ bzw. $x_3 = 1$.

Problem A_5:
Das Problem $\tilde{A}_5$ hat die Lösung $P_5(1,0,0,1,0,1)$ mit $\underline{z}_5 = 14\,500$.

Diese Lösung ist zulässig und es gilt $\bar{z} = 14\,500$. Damit scheidet $P_3(1,0,1,0,0,1)$als Lösung aus.

Problem A_6:
Das Problem $\tilde{A}_6$ hat die Lösung $P_6(1,0,1,1,0,0)$ mit $\underline{z}_6 = 15\,500$. Diese ist zwar zulässig für A_6, aber nicht besser als die Lösung von A_5.

Nach dieser Verzweigung sind alle Enden des Baums endgültig bewertet und die optimale Lösung ist $P_5(1,0,0,1,0,1)$ mit $z = 14\,500$.

Abschließend wird der ganze Baum angegeben:

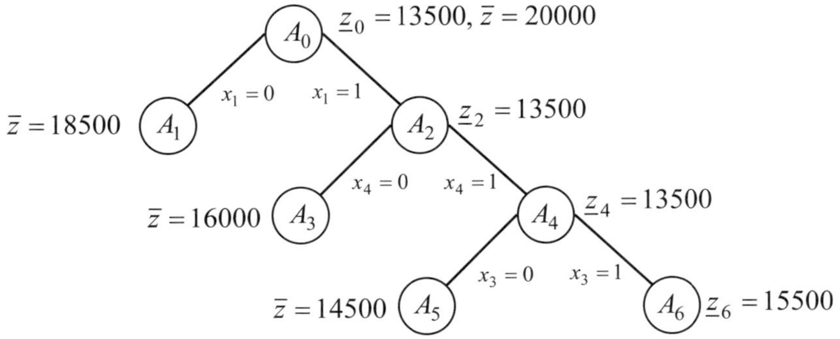

6.4 Aufgaben

Aufgabe 1

Lösen Sie das Beispiel 6.1 mit einem Branch-and-Bound-Verfahren:

Für welche $(x_1, x_2), x_1, x_2 \in \mathbb{N}$, die das Ungleichungssystem

$x_1 + x_2 \leq 7$

$x_1 \geq 5$

$4x_1 + 20x_2 \leq 85$

erfüllen, wird die Zielfunktion $z = 7\,000x_1 + 22\,000x_2$ maximal?

Aufgabe 2

Für welche $(x_1, x_2, x_3), x_1, x_2, x_3 \in \mathbb{N}_0$, die das Ungleichungssystem

$$\begin{aligned} 2x_1 + 2x_2 + x_3 &\leq 11 \\ x_1 + 6x_2 + 2x_3 &\leq 17 \\ 3x_3 &\leq 8 \\ 3x_1 + 2x_2 &\leq 12 \end{aligned}$$

erfüllen, wird die Zielfunktion $z = 5x_1 + 4x_2 + 7x_3$ maximal?

Aufgabe 3

In einen Rucksack können acht Gegenstände eingepackt werden. Das Gewicht und der Nutzen für den Wanderer sind in folgender Tabelle gegeben:

Nummer des Gegenstands	**1**	**2**	**3**	**4**	**5**	**6**	**7**	**8**
Gewicht	1	2	1.75	2.5	1.25	2.25	1.25	1.75
Nutzen	4	6	3	7	5	4	2	8

Welche Gegenstände soll der Wanderer einpacken, wenn der Rucksack ein Höchstgewicht von 10 kg nicht überschreiten darf und der Nutzen maximal sein soll?

7 Graphentheorie

7.1 Beispiel, Grundbegriffe und mathematische Modelle

Ein Graph besteht aus n verschiedenen Punkten (Knoten), die zumindest teilweise verbunden sind. In der Praxis sind dies häufig Verkehrsnetze, Kommunikationsnetze oder auch Versorgungsnetze. Das folgende Beispiel zeigt einen solchen Graphen.

Beispiel 7.1

Gegeben sind sechs verschiedene Städte. Alle möglichen Verbindungen sind im Schaubild dargestellt:

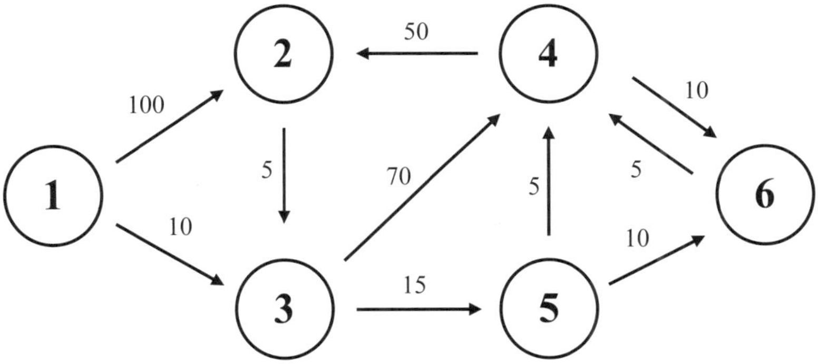

Abb. 7.1 Netzplan für Routenplaner

Im Folgenden werden Grundbegriffe und Sachverhalte für Graphen vorgestellt, die bei der Modellbildung eine wichtige Rolle spielen.

Definition 7.1

Ein *Graph* G besteht aus einer nichtleeren *Knotenmenge* V und einer *Kanten- oder Pfeilmenge* E. Dabei ist jedem Element von E genau ein Knotenpaar aus V zugeordnet. Die Bezeichnung ist $G = (V, E)$.

Definition 7.2

Sind die Elemente aus E nicht geordnet, so ist G ein *ungerichteter Graph* und die Elemente von E heißen *Kanten*. Eine Kante vom Knoten i zu Knoten j wird mit $[i, j]$ gekennzeichnet. Sind die Elemente aus E geordnet, so ist G ein *gerichteter Graph* und die Elemente von E heißen *Pfeile*. Ein Pfeil vom Knoten i zu Knoten j wird mit (i, j) gekennzeichnet.

Definition 7.3

Zwei Pfeile (Kanten) mit gleichen Anfangs- und Endknoten nennt man *parallel.* Ein Pfeil, bei dem der Anfangsknoten gleich dem Endknoten ist, heißt *Schlinge.*

Ein Graph ohne parallele Kanten bzw. Pfeile und ohne Schlingen wird ein *schlichter Graph* genannt.

Ein schlichter gerichteter Graph mit endlicher Knotenmenge heißt *Digraph.*

Definition 7.4

In einem gerichteten Graphen heißt ein Knoten j *Nachfolger* eines Knotens i, falls ein Pfeil (i,j) existiert. Die Menge aller Nachfolger wird mit $N(i)$ bezeichnet.

Definition 7.5

Ein Graph $G = (V, E, k)$ heißt *bewertet,* falls für alle Kanten bzw. Pfeile eine Bewertung $k(i,j)$ bzw. $k[i,j]$ existiert. Diese Bewertungen können Längen, Zeiten, Transportkosten, usw. sein. Bewertungen werden auch mit k_{ij} bezeichnet.

Definition 7.6

Eine Folge von Pfeilen $(i_0, i_1), (i_1, i_2), \dots, (i_{m-1}, i_m)$ nennt man *Weg* $w = (i_0, i_1, \dots i_m)$.
Die Zahl

$$k_{ges}(w) = \sum_{r=1}^{m} k(i_{r-1}, i_r) = \sum_{r=1}^{m} k_{i_{r-1}, i_r}$$

heißt die Länge des Weges $w = (i_0, i_1, \dots, i_m)$.

Definition 7.7

Ein Weg heißt der *kürzeste Weg* von Knoten i zu Knoten j, falls die Zahl

$$k_{ges}(w) = \sum_{r=1}^{m(w)} k(i_{r-1}, i_r) = \sum_{r=1}^{m(w)} k_{i_{r-1}, i_r}$$

minimal ist unter allen möglichen Wegen von $i_0 = i$ nach $i_{m(w)} = j$.

In den folgenden Abschnitten dieses Kapitels werden Modelle und Algorithmen vorgestellt, mit denen die optimalen (minimalen) Wege zwischen je zwei Punkten eines Digraphen bestimmt werden können. Außerdem wird das Problem der Bestimmung von minimal kleinen Versorgungsnetzen (minimal spannende Bäume) besprochen. Das Problem vom Handlungsreisenden, der in einem geschlossenen Graphen in einem Punkt startet, alle Punkte anfährt und schließlich wieder im Ausgangspunkt landet, wird hier nicht behandelt. Der interessierte Leser findet dazu Ausführungen in Domschke/Drexl (2011) und Oberstenfeld (2007). Der Themenkomplex Netzplantechnik, der auch zur Graphentheorie gehört, wird im nächsten Kapitel getrennt betrachtet.

7.2 Algorithmus von Dijkstra

Mit dem Algorithmus von Dijkstra und auch dem im nächsten Abschnitt aufgeführten FIFO-Algorithmus wird folgendes Problem gelöst:

Gegeben sei ein Digraph mit n Knoten und ein Startpunkt bzw. Startknoten. Gesucht sind alle kürzesten Wege zwischen dem Startpunkt und allen anderen $n-1$ Knoten, also nur die kürzesten Wege zwischen dem Startpunkt und jedem anderen Knoten. Der Startpunkt ist in diesen Betrachtungen immer der gleiche.

Mathematisches Modell zur Bestimmung von kürzesten Wegen in Digraphen

Gegeben sei ein Digraph mit n Knoten und ein Startknoten $start$.
Alle existierenden Pfeile seien mit $k(i,j)$ bewertet.
Gesucht ist der kürzeste Weg vom Startknoten zu allen anderen $n-1$ Knoten.
Ist dabei W die Menge aller möglichen Wege $w = \left(i_0 = start, i_1, \dots, i_{m(w)}\right)$, so folgt:
Gesucht ist für jeden Knoten $j \neq start$, der von $start$ aus erreichbar ist, ein $w_{min} \in W$

mit $$k_{ges}(w_{min}) = \sum_{r=1}^{m(w)} k\left(i_{r-1,}i_r\right) = \sum_{r=1}^{m(w)} k_{i_{r-1,}i_r} = \min$$

über alle $w \in W$ mit $i_0 = i$ und $i_{m(w)} = j$.

Eine Lösungsvariante stellt der Algorithmus von Dijkstra zur Verfügung.

Algorithmus von Dijkstra

Gegeben sei ein Digraph mit n Knoten und ein Startknoten $start$.
Alle existierenden Pfeile seien mit $k(i,j)$ bewertet.
Gesucht ist der kürzeste Weg vom Startknoten zu allen anderen $n-1$ Knoten.

Es werden zwei Vektoren mit folgenden Komponenten definiert:

- $D(i), 1 \leq i \leq n$
- $Vorg(i), 1 \leq i \leq n.$

$D(i)$ stellt dabei die (zu einem bestimmten Zeitpunkt erreichte) kürzeste Entfernung vom Startknoten $start$ zum Knoten i dar.
$Vorg(i)$ bezeichnet den unmittelbaren Vorgänger von Knoten i auf dem (zu einem bestimmten Zeitpunkt erreichten) kürzesten Weg vom Startknoten $start$ zum Knoten i.

Außerdem stellt die Menge M die Menge einer bestimmten Auswahl von Knoten dar.

Startiteration: Es werden folgende Initialisierungen gesetzt:

- $M = \{start\}$
- $D(start) = 0$ und $D(i) = \infty$ für alle Knoten $i \neq start$
- $Vorg(i) = -$ für alle Knoten i.

Danach erfolgen Iterationen zu jeweils 3 Schritten bis zum Abbruch.

Schritt 1: Es wird ein Knoten $a \in M$ ausgewählt mit $D(a) = \min\{D(i) | i \in M\}$.

Schritt 2:	Für alle $j \in N(a)$ wird überprüft: Gilt $D(a) + k_{aj} < D(j)$, dann werden folgende Belegungen gesetzt: $D(j) = D(a) + k_{aj}, Vorg(j) = a$ und der Knoten j wird in die Menge M aufgenommen.
Schritt 3:	Der ausgewählte Knoten $a \in M$ wird aus der Menge M entfernt.
Abbruch:	Das Verfahren endet, falls gilt: $M = \{\,\}$.

Nachfolgend wird der Algorithmus von Dijkstra am **Beispiel 7.1** mit dem Startknoten 1 durchgeführt:

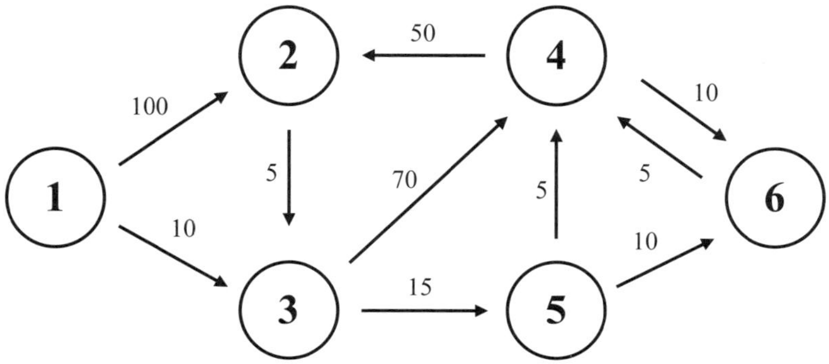

Verlässt ein Knoten die Menge M, so ist der gefundene Weg dorthin optimal. Diese Knoten werden grau unterlegt. An diesen Knoten muss keine weitere Prüfung mehr erfolgen.

Startiteration:

i	1	2	3	4	5	6
$D(i)$	0	∞	∞	∞	∞	∞
$Vorg(i)$	-	-	-	-	-	-

$M = \{1\}$.

1. Iteration: Auswahl: $a = 1$ und $N(1) = \{2, 3\}$

Prüfung für $j = 2$:

Es gilt: $D(1) + k_{12} = 0 + 100 = 100$ und $D(2) = \infty$.

Da $D(1) + k_{12} < D(2)$, wird gesetzt: $D(2) = 100,\ Vorg(2) = 1$.

Prüfung für $j = 3$:

Es gilt: $D(1) + k_{13} = 0 + 10 = 10$ und $D(3) = \infty$.

Da $D(1) + k_{13} < D(3)$, wird gesetzt: $D(3) = 10,\ Vorg(3) = 1$.

i	1	2	3	4	5	6
$D(i)$	0	100	10	∞	∞	∞
$Vorg(i)$	-	1	1	-	-	-

$M = \{2,3\}$.

2. Iteration: Auswahl: $a = 3$ und $N(3) = \{4, 5\}$

Prüfung für $j = 4$:

Es gilt: $D(3) + k_{34} = 10 + 70 = 80$ und $D(4) = \infty$.

Da $D(3) + k_{34} < D(4)$, wird gesetzt: $D(4) = 80,\ Vorg(4) = 3$.

Prüfung für $j = 5$:

Es gilt: $D(3) + k_{35} = 10 + 15 = 25$ und $D(5) = \infty$.

Da $D(3) + k_{35} < D(5)$, wird gesetzt: $D(5) = 25,\ Vorg(5) = 3$.

i	1	2	3	4	5	6
$D(i)$	0	100	10	80	25	∞
$Vorg(i)$	-	1	1	3	3	-

$M = \{2, 4, 5\}$.

3. Iteration: Auswahl:$a = 5$ und $N(5) = \{4, 6\}$

Prüfung für $j = 4$:

Es gilt: $D(5) + k_{54} = 25 + 5 = 30$ und $D(4) = 80$.

Da $D(5) + k_{54} < D(4)$, wird gesetzt: $D(4) = 30,\ Vorg(4) = 5$.

Prüfung für $j = 6$:

Es gilt: $D(5) + k_{56} = 25 + 10 = 35$ und $D(6) = \infty$.

Da $D(5) + k_{56} < D(6)$, wird gesetzt: $D(6) = 35,\ Vorg(6) = 5$.

i	1	2	3	4	5	6
$D(i)$	0	100	10	30	25	35
$Vorg(i)$	-	1	1	5	3	5

$M = \{2, 4, 6\}$.

4. Iteration: Auswahl: $a = 4$ und $N(4) = \{2, 6\}$

Prüfung für $j = 2$:

Es gilt: $D(4) + k_{42} = 30 + 50 = 80$ und $D(2) = 100$.

Da $D(4) + k_{42} < D(2)$, wird gesetzt: $D(2) = 80,\ Vorg(2) = 4$.

Prüfung für $j = 6$:

Es gilt: $D(4) + k_{46} = 30 + 10 = 40$ und $D(6) = 35$.

Da $D(4) + k_{46} < D(6)$, bleiben die Eintragungen erhalten.

i	1	2	3	4	5	6
$D(i)$	0	80	10	30	25	35
$Vorg(i)$	-	4	1	5	3	5

$M = \{2,6\}$.

5. Iteration: Auswahl:$a = 6$ und $N(6) = \{4\}$

Prüfung für $j = 4$:

nicht nötig, da der Weg nach Knoten 4 schon optimal ist.

i	1	2	3	4	5	6
$D(i)$	0	80	10	30	25	35
$Vorg(i)$	-	4	1	5	3	5

$M = \{2\}$.

6. Iteration: Auswahl: $a = 2$ und $N(2) = \{3\}$

Prüfung für $j = 3$:

nicht nötig, da der Weg nach Knoten 3 schon optimal ist.

i	1	2	3	4	5	6
$D(i)$	0	80	10	30	25	35
$Vorg(i)$	-	4	1	5	3	5

$M = \{\,\}$.

Damit ist die Abbruchbedingung erfüllt. Die optimalen Weglängen stehen in den Variablen $D(i)$. Der exakte Weg wird aus den Variablen $Vorg(i)$ rückwärts, ausgehend vom Endpunkt, abgelesen.

Die kürzesten Wege sind:

von 1 nach 2:	$1 \to 3 \to 5 \to 4 \to 2$	mit der Länge 80
von 1 nach 3:	$1 \to 3$	mit der Länge 10
von 1 nach 4:	$1 \to 3 \to 5 \to 4$	mit der Länge 30
von 1 nach 5:	$1 \to 3 \to 5$	mit der Länge 25
von 1 nach 6:	$1 \to 3 \to 5 \to 6$	mit der Länge 35.

7.3 FIFO-Algorithmus

Eine Alternative zum Algorithmus von Dijkstra stellt der FIFO-Algorithmus dar. Er löst exakt dieselbe Problemstellung wie der Algorithmus von Dijkstra.

FIFO-Algorithmen spielen in der Stochastik und im Operations Research eine bedeutende Rolle. Immer dann, wenn Warteschlangen Teile einer Modellierung sind, kommen solche

Überlegungen ins Spiel. FIFO bedeutet nichts anderes als first in – first out. Derjenige, der die Schlange zuerst betritt, wird auch zuerst bedient.

Der einzige Unterschied zum Algorithmus von Dijkstra besteht in der Auswahl im Schritt 1. Beim Algorithmus von Dijkstra wird ein $a \in M$ mit einer bestimmten Eigenschaft ausgewählt. Beim FIFO-Algorithmus dagegen wird dieser Wert aus dem Anfang einer Warteschlange entnommen.

FIFO-Algorithmus

Gegeben sei ein Digraph mit n Knoten und ein Startknoten $start$.
Alle existierenden Pfeile seien mit $k(i,j)$ bewertet.
Gesucht ist der kürzeste Weg vom Startknoten zu allen anderen $n-1$ Knoten.

Es werden zwei Vektoren mit folgenden Komponenten definiert:

- $D(i), 1 \leq i \leq n$
- $Vorg(i), 1 \leq i \leq n.$

$D(i)$ stellt dabei die (zu einem bestimmten Zeitpunkt erreichte) kürzeste Entfernung vom Startknoten $start$ zum Knoten i dar.
$Vorg(i)$ bezeichnet den unmittelbaren Vorgänger von Knoten i auf dem (zu einem bestimmten Zeitpunkt erreichten) kürzesten Weg vom Startknoten $start$ zum Knoten i.

Außerdem stellt S eine Warteschlange dar, deren Anfang bzw. Kopf mit KS und deren Ende mit ES bezeichnet wird. Die Bezeichnung der Warteschlange sei $S = \langle KS, \dots, ES]$.

Startiteration: Es werden folgende Initialisierungen gesetzt:

- $KS = ES = start$
- $D(start) = 0$ und $D(i) = \infty$ für alle Knoten $i \neq start$
- $Vorg(i) = -$ für alle Knoten i.

Danach erfolgen Iterationen zu jeweils 3 Schritten bis zum Abbruch.

Schritt 1: Es wird der Schlangenkopf KS ausgewählt.

Schritt 2: Für alle $j \in N(KS)$ wird überprüft:
Gilt $D(KS) + k_{KS,j} < D(j)$, dann werden folgende Belegungen gesetzt:
$D(j) = D(KS) + k_{KS,j}, Vorg(j) = KS$
und der Knoten j wird der Warteschlange hinten angestellt, falls er dort noch nicht vorhanden ist.

Abbruch: Das Verfahren endet, falls gilt: $KS = ES$.

Schritt 3: Der alte Schlangenkopf KS wird entfernt.

Nachfolgend wird der FIFO-Algorithmus am **Beispiel 7.1** mit dem Startknoten 1 durchgeführt:

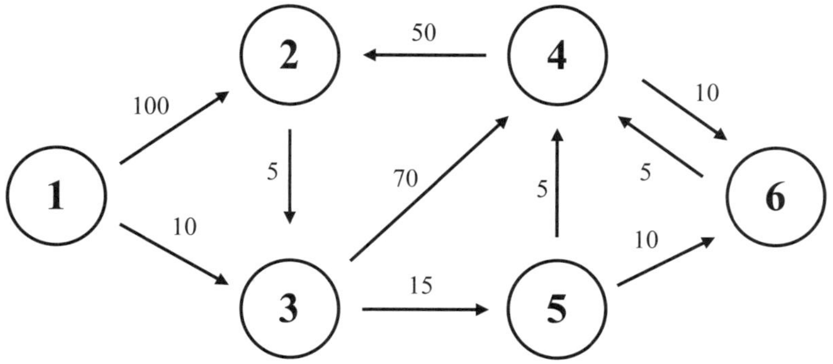

Startiteration:

i	1	2	3	4	5	6
$D(i)$	0	∞	∞	∞	∞	∞
$Vorg(i)$	-	-	-	-	-	-

$S = \langle 1]$.

1. Iteration: Auswahl: $KS = 1$ und $N(1) = \{2, 3\}$

Prüfung für $j = 2$:

Es gilt: $D(1) + k_{12} = 0 + 100 = 100$ und $D(2) = \infty$.

Da $D(1) + k_{12} < D(2)$, wird gesetzt: $D(2) = 100,\ Vorg(2) = 1$.

Prüfung für $j = 3$:

Es gilt: $D(1) + k_{13} = 0 + 10 = 10$ und $D(3) = \infty$.

Da $D(1) + k_{13} < D(3)$, wird gesetzt: $D(3) = 10,\ Vorg(3) = 1$.

i	1	2	3	4	5	6
$D(i)$	0	100	10	∞	∞	∞
$Vorg(i)$	-	1	1	-	-	-

$S = \langle 1, 2, 3]$.

Da $KS \neq ES$, gehen die Iterationen weiter mit der neuen Schlange $S = \langle 2, 3]$.

2. Iteration: Auswahl: $KS = 2$ und $N(2) = \{3\}$

Prüfung für $j = 3$:

Es gilt: $D(2) + k_{23} = 100 + 5 = 105$ und $D(3) = 10$.

Da $D(2) + k_{23} > D(3)$ gilt, gibt es hier keine Änderung.

i	1	2	3	4	5	6
$D(i)$	0	100	10	∞	∞	∞
$Vorg(i)$	-	1	1	-	-	-

$S = \langle 2,3]$.

Da $KS \neq ES$, gehen die Iterationen weiter mit der neuen Schlange $S = \langle 3]$.

3. Iteration: Auswahl: $KS = 3$ und $N(3) = \{4,5\}$

Prüfung für $j = 4$:

Es gilt: $D(3) + k_{34} = 10 + 70 = 80$ und $D(4) = \infty$.

Da $D(3) + k_{34} < D(4)$, wird gesetzt: $D(4) = 80,\ Vorg(4) = 3$.

Prüfung für $j = 5$:

Es gilt: $D(3) + k_{35} = 10 + 15 = 25$ und $D(5) = \infty$.

Da $D(3) + k_{35} < D(5)$, wird gesetzt: $D(5) = 25,\ Vorg(5) = 3$.

i	1	2	3	4	5	6
$D(i)$	0	100	10	80	25	∞
$Vorg(i)$	-	1	1	3	3	-

$S = \langle 3,4,5]$.

Da $KS \neq ES$, gehen die Iterationen weiter mit der neuen Schlange $S = \langle 4,5]$.

4. Iteration: Auswahl: $KS = 4$ und $N(4) = \{2,6\}$

Prüfung für $j = 2$:

Es gilt: $D(4) + k_{42} = 80 + 50 = 130$ und $D(2) = 100$.

Da $D(4) + k_{42} > D(2)$, gilt, gibt es hier keine Änderung.

Prüfung für $j = 6$:

Es gilt: $D(4) + k_{46} = 80 + 10 = 90$ und $D(6) = \infty$.

Da $D(4) + k_{46} < D(6)$, wird gesetzt: $D(6) = 90,\ Vorg(6) = 4$.

i	1	2	3	4	5	6
$D(i)$	0	100	10	80	25	90
$Vorg(i)$	-	1	1	3	3	4

$S = \langle 4,5,6]$.

Da $KS \neq ES$, gehen die Iterationen weiter mit der neuen Schlange $S = \langle 5,6]$.

5. Iteration: Auswahl: $KS = 5$ und $N(5) = \{4,6\}$

Prüfung für $j = 4$:

Es gilt: $D(5) + k_{54} = 25 + 5 = 30$ und $D(4) = 80$.

Da $D(5) + k_{54} < D(4)$, wird gesetzt: $D(4) = 30,\ Vorg(4) = 5$.

Prüfung für $j = 6$:

Es gilt: $D(5) + k_{56} = 25 + 10 = 35$ und $D(6) = 90$.

Da $D(5) + k_{56} < D(6)$, wird gesetzt: $D(6) = 35,\ Vorg(6) = 5$.

i	1	2	3	4	5	6
$D(i)$	0	100	10	30	25	35
$Vorg(i)$	-	1	1	5	3	5

$S = \langle 5, 6, 4]$.

Da $KS \neq ES$, gehen die Iterationen weiter mit der neuen Schlange $S = \langle 6, 4]$.

6. Iteration: Auswahl: $KS = 6$ und $N(6) = \{4\}$

Prüfung für $j = 4$:

Es gilt: $D(6) + k_{64} = 35 + 5 = 40$ und $D(4) = 30$.

Da $D(6) + k_{64} > D(4)$ gilt, gibt es hier keine Änderung.

i	1	2	3	4	5	6
$D(i)$	0	100	10	30	25	35
$Vorg(i)$	-	1	1	5	3	5

$S = \langle 6, 4]$.

Da $KS \neq ES$, gehen die Iterationen weiter mit der neuen Schlange $S = \langle 4]$.

7. Iteration: Auswahl: $KS = 4$ und $N(4) = \{2,6\}$

Prüfung für $j = 2$:

Es gilt: $D(4) + k_{42} = 30 + 50 = 80$ und $D(2) = 100$.

Da $D(4) + k_{42} < D(2)$, gilt, wird gesetzt: $D(2) = 80,\ Vorg(2) = 4$.

Prüfung für $j = 6$:

Es gilt: $D(4) + k_{46} = 30 + 10 = 40$ und $D(6) = 35$.

Da $D(4) + k_{46} > D(6)$ gilt, gibt es hier keine Änderung.

i	1	2	3	4	5	6
$D(i)$	0	80	10	30	25	35
$Vorg(i)$	-	4	1	5	3	5

$S = \langle 4, 2]$.

Da $KS \neq ES$, gehen die Iterationen weiter mit der neuen Schlange $S = \langle 2]$.

8. Iteration: Auswahl: $KS = 2$ und $N(2) = \{3\}$

Prüfung für $j = 3$:

Es gilt: $D(2) + k_{23} = 80 + 5 = 85$ und $D(3) = 10$.

Da $D(2) + k_{23} > D(3)$ gilt, gibt es hier keine Änderung.

i	1	2	3	4	5	6
$D(i)$	0	80	10	30	25	35
$Vorg(i)$	-	4	1	5	3	5

$S = \langle 2]$.

Es gilt $KS = ES$.

Damit ist die Abbruchbedingung erfüllt. Die optimalen Weglängen stehen in den Variablen $D(i)$. Der exakte Weg wird aus den Variablen $Vorg(i)$ rückwärts, ausgehend vom Endpunkt, abgelesen.

Die kürzesten Wege sind:

von 1 nach 2: $1 \to 3 \to 5 \to 4 \to 2$ mit der Länge 80
von 1 nach 3: $1 \to 3$ mit der Länge 10
von 1 nach 4: $1 \to 3 \to 5 \to 4$ mit der Länge 30
von 1 nach 5: $1 \to 3 \to 5$ mit der Länge 25
von 1 nach 6: $1 \to 3 \to 5 \to 6$ mit der Länge 35.

Die beiden vorgestellten Algorithmen haben den Nachteil, dass der Startknoten fest ist. Benötigt man den kürzesten Weg zwischen allen paarweise verschiedenen Punktepaaren, so müsste man die Algorithmen jeweils $n -$ mal durchführen. Dies wäre eine äußerst aufwändige Angelegenheit.

Der im nächsten Abschnitt vorgestellte Tripel-Algorithmus beseitigt diesen Mangel. Der Rechenaufwand verbessert sich in vielen Fällen allerdings nicht dramatisch.

7.4 Tripel-Algorithmus

Mit dem Tripel-Algorithmus findet man die kürzesten Wege zwischen allen paarweise verschiedenen Knoten eines Digraphen.

Tripel-Algorithmus

Gegeben sei ein Digraph mit n Knoten.
Alle existierenden Pfeile seien mit $k(i,j)$ bewertet.
Gesucht sind die kürzesten Weg zwischen allen paarweise verschiedenen Knoten.

Es werden zwei Matrizen mit folgenden Komponenten definiert:

- $D(i,j), 1 \leq i \leq n, 1 \leq j \leq n$
- $Vorg(i,j), 1 \leq i \leq n, 1 \leq j \leq n.$

$D(i,j)$ stellt dabei die (zu einem bestimmten Zeitpunkt erreichte) kürzeste Entfernung vom Knoten i zum Knoten j dar.
$Vorg(i,j)$ bezeichnet den unmittelbaren Vorgänger von Knoten j auf dem (zu einem bestimmten Zeitpunkt erreichten) kürzesten Weg vom Knoten i zum Knoten j.

Es werden folgende Initialisierungen gesetzt:

$$D(i,j) = \begin{cases} 0 & \text{falls } i = j \\ k(i,j) & \text{falls ein Pfeil von } i \text{ nach } j \text{ existiert} \\ \infty & \text{sonst} \end{cases}$$

$$Vorg(i,j) = \begin{cases} i & \text{falls } i = j \\ i & \text{falls ein Pfeil von } i \text{ nach } j \text{ existiert} \\ 0 & \text{sonst} \end{cases}$$

Danach erfolgen 3 Schleifen:

Schleife 1: $j = 1$ bis n

Schleife 2: $i = 1$ bis n

Schleife 3: $k = 1$ bis n

Gilt $D(i,j) + D(j,k) < D(i,k)$, werden folgende Veränderungen vorgenommen:

- $D(i,k)$wird durch $D(i,j) + D(j,k)$ ersetzt.
- $Vorg(i,k)$ wird durch $Vorg(j,k)$ ersetzt.

Ende Schleife 3

Ende Schleife 2

Ende Schleife 1

Die Bedingung $D(i,j) + D(j,k) < D(i,k)$ kann nur erfüllt sein, wenn die Indexpaare paarweise verschieden sind. Deshalb können die Schleifendurchläufe entfallen, bei denen mindestens ein Indexpaar in der Ungleichung die gleichen Werte enthält. Außerdem kann diese Bedingung nur erfüllt sein, wenn sowohl $D(i,j) < \infty$ als auch $D(j,k) < \infty$ gilt. Also müssen für festes j nur diejenigen Paare i,k überprüft werden, für die es einen Weg von i zu j bzw. einen Weg von j zu k gibt.

Nachfolgend wird der Tripel-Algorithmus am **Beispiel 7.1** durchgeführt:

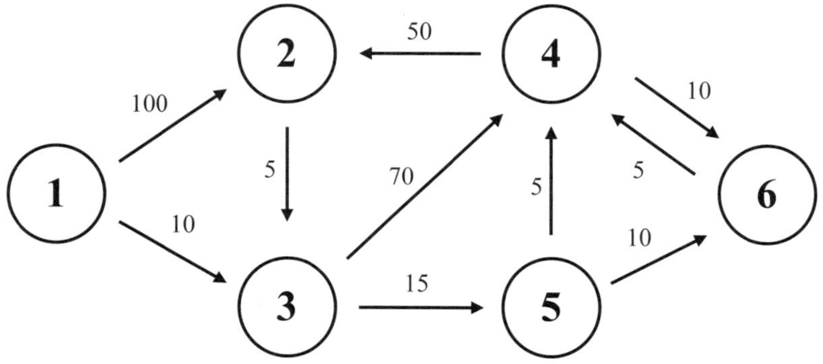

Initialisierungen:

$$D(i,j) = \begin{pmatrix} 0 & 100 & 10 & \infty & \infty & \infty \\ \infty & 0 & 5 & \infty & \infty & \infty \\ \infty & \infty & 0 & 70 & 15 & \infty \\ \infty & 50 & \infty & 0 & \infty & 10 \\ \infty & \infty & \infty & 5 & 0 & 10 \\ \infty & \infty & \infty & 5 & \infty & 0 \end{pmatrix} \text{ und } Vorg(i,j) = \begin{pmatrix} 1 & 1 & 1 & 0 & 0 & 0 \\ 0 & 2 & 2 & 0 & 0 & 0 \\ 0 & 0 & 3 & 3 & 3 & 0 \\ 0 & 4 & 0 & 4 & 0 & 4 \\ 0 & 0 & 0 & 5 & 5 & 5 \\ 0 & 0 & 0 & 6 & 0 & 6 \end{pmatrix}.$$

Schleife 1: $j = 1$

Welche Wege zu $j = 1$ und welche Wege von $j = 1$ existieren schon?

- Wege zu $j = 1$: $D(1,1) = 0$
- Wege von $j = 1$: $D(1,1) = 0, D(1,2) = 100$ und $D(1,3) = 10$.

Deshalb müssen nur diese Kombinationen überprüft werden. Da es aber in jeder der drei Kombinationen mindestens ein Paar aus gleichen Indizes gibt, entfallen auch diese Prüfungen und beide Matrizen bleiben gleich.

$$D(i,j) = \begin{pmatrix} 0 & 100 & 10 & \infty & \infty & \infty \\ \infty & 0 & 5 & \infty & \infty & \infty \\ \infty & \infty & 0 & 70 & 15 & \infty \\ \infty & 50 & \infty & 0 & \infty & 10 \\ \infty & \infty & \infty & 5 & 0 & 10 \\ \infty & \infty & \infty & 5 & \infty & 0 \end{pmatrix} \text{ und } Vorg(i,j) = \begin{pmatrix} 1 & 1 & 1 & 0 & 0 & 0 \\ 0 & 2 & 2 & 0 & 0 & 0 \\ 0 & 0 & 3 & 3 & 3 & 0 \\ 0 & 4 & 0 & 4 & 0 & 4 \\ 0 & 0 & 0 & 5 & 5 & 5 \\ 0 & 0 & 0 & 6 & 0 & 6 \end{pmatrix}.$$

Schleife 2: $j = 2$

Welche Wege zu $j = 2$ und welche Wege von $j = 2$ existieren schon? Dabei werden Wege mit gleichen Anfangs- und Endknoten weggelassen.

- Wege zu $j = 2$: $D(1,2) = 100$ und $D(4,2) = 50$
- Wege von $j = 2$: $D(2,3) = 5$.

Deshalb müssen nur diese zwei Kombinationen überprüft werden.

1. Es gilt $D(1,2) + D(2,3) = 100 + 5 = 105$ und $D(1,3) = 10$.
   Die Bedingung $D(1,2) + D(2,3) < D(1,3)$ ist nicht erfüllt.
2. Es gilt $D(4,2) + D(2,3) = 50 + 5 = 55$ und $D(4,3) = \infty$.
   Da $D(4,2) + D(2,3) < D(4,3)$, wird gesetzt: $D(4,3) = 55,\ Vorg(4,3) = 2$.

Die beiden Matrizen lauten:

$$D(i,j) = \begin{pmatrix} 0 & 100 & 10 & \infty & \infty & \infty \\ \infty & 0 & 5 & \infty & \infty & \infty \\ \infty & \infty & 0 & 70 & 15 & \infty \\ \infty & 50 & 55 & 0 & \infty & 10 \\ \infty & \infty & \infty & 5 & 0 & 10 \\ \infty & \infty & \infty & 5 & \infty & 0 \end{pmatrix} \text{ und } Vorg(i,j) = \begin{pmatrix} 1 & 1 & 1 & 0 & 0 & 0 \\ 0 & 2 & 2 & 0 & 0 & 0 \\ 0 & 0 & 3 & 3 & 3 & 0 \\ 0 & 4 & 2 & 4 & 0 & 4 \\ 0 & 0 & 0 & 5 & 5 & 5 \\ 0 & 0 & 0 & 6 & 0 & 6 \end{pmatrix}.$$

Schleife 3: $j = 3$

Welche Wege zu $j = 3$ und welche Wege von $j = 3$ existieren schon? Dabei werden Wege mit gleichen Anfangs- und Endknoten weggelassen.

- Wege zu $j = 3$: $D(1,3) = 10, D(2,3) = 5$ und $D(4,3) = 55$
- Wege von $j = 3$: $D(3,4) = 70$ und $D(3,5) = 15$.

Deshalb müssen nur diese sechs Kombinationen überprüft werden.

1. Es gilt $D(1,3) + D(3,4) = 10 + 70 = 80$ und $D(1,4) = \infty$.
   Da $D(1,3) + D(3,4) < D(1,4)$, wird gesetzt: $D(1,4) = 80,\ Vorg(1,4) = 3$.
2. Es gilt $D(1,3) + D(3,5) = 10 + 15 = 25$ und $D(1,5) = \infty$.
   Da $D(1,3) + D(3,5) < D(1,5)$, wird gesetzt: $D(1,5) = 25,\ Vorg(1,5) = 3$.
3. Es gilt $D(2,3) + D(3,4) = 5 + 70 = 75$ und $D(2,4) = \infty$.
   Da $D(2,3) + D(3,4) < D(2,4)$, wird gesetzt: $D(2,4) = 75,\ Vorg(2,4) = 3$.
4. Es gilt $D(2,3) + D(3,5) = 5 + 15 = 20$ und $D(2,5) = \infty$.
   Da $D(2,3) + D(3,5) < D(2,5)$, wird gesetzt: $D(2,5) = 20,\ Vorg(2,5) = 3$.
5. Es gilt $D(4,3) + D(3,4) = 55 + 70 = 125$ und $D(4,4) = 0$.
   Die Bedingung $D(4,3) + D(3,4) < D(4,4)$ ist nicht erfüllt.
6. Es gilt $D(4,3) + D(3,5) = 55 + 15 = 70$ und $D(4,5) = \infty$.
   Da $D(4,3) + D(3,5) < D(4,5)$, wird gesetzt: $D(4,5) = 70,\ Vorg(4,5) = 3$.

Die beiden Matrizen lauten:

$$D(i,j) = \begin{pmatrix} 0 & 100 & 10 & 80 & 25 & \infty \\ \infty & 0 & 5 & 75 & 20 & \infty \\ \infty & \infty & 0 & 70 & 15 & \infty \\ \infty & 50 & 55 & 0 & 70 & 10 \\ \infty & \infty & \infty & 5 & 0 & 10 \\ \infty & \infty & \infty & 5 & \infty & 0 \end{pmatrix} \text{ und } Vorg(i,j) = \begin{pmatrix} 1 & 1 & 1 & 3 & 3 & 0 \\ 0 & 2 & 2 & 3 & 3 & 0 \\ 0 & 0 & 3 & 3 & 3 & 0 \\ 0 & 4 & 2 & 4 & 3 & 4 \\ 0 & 0 & 0 & 5 & 5 & 5 \\ 0 & 0 & 0 & 6 & 0 & 6 \end{pmatrix}.$$

Schleife 4: $j = 4$

Welche Wege zu $j = 4$ und welche Wege von $j = 4$ existieren schon? Dabei werden Wege mit gleichen Anfangs- und Endknoten weggelassen.

- Wege zu $j = 4$: $D(1,4) = 80, D(2,4) = 75, D(3,4) = 70,$
  $D(5,4) = 5$ und $D(6,4) = 5$
- Wege von $j = 4$: $D(4,2) = 50, D(4,3) = 55, D(4,5) = 70$ und $D(4,6) = 10$.

Deshalb müssen nur diese 20 Kombinationen überprüft werden.

Auf eine ausführliche Darstellung der Prüfungen wird verzichtet.

Die beiden Matrizen lauten:

$$D(i,j) = \begin{pmatrix} 0 & 100 & 10 & 80 & 25 & 90 \\ \infty & 0 & 5 & 75 & 20 & 85 \\ \infty & 120 & 0 & 70 & 15 & 80 \\ \infty & 50 & 55 & 0 & 70 & 10 \\ \infty & 55 & 60 & 5 & 0 & 10 \\ \infty & 55 & 60 & 5 & 75 & 0 \end{pmatrix} \text{ und } Vorg(i,j) = \begin{pmatrix} 1 & 1 & 1 & 3 & 3 & 4 \\ 0 & 2 & 2 & 3 & 3 & 4 \\ 0 & 4 & 3 & 3 & 3 & 4 \\ 0 & 4 & 2 & 4 & 3 & 4 \\ 0 & 4 & 2 & 5 & 5 & 5 \\ 0 & 4 & 2 & 6 & 3 & 6 \end{pmatrix}.$$

Schleife 5: $j = 5$

Welche Wege zu $j = 5$ und welche Wege von $j = 5$ existieren schon? Dabei werden Wege mit gleichen Anfangs- und Endknoten weggelassen.

- Wege zu $j = 5$: $D(1,5) = 25, D(2,5) = 20, D(3,5) = 15,$
  $D(4,5) = 70$ und $D(6,5) = 75$
- Wege von $j = 5$: $D(5,2) = 55, D(5,3) = 60, D(5,4) = 5$ und $D(5,6) = 10$.

Deshalb müssen nur diese 20 Kombinationen überprüft werden.

Auf eine ausführliche Darstellung der Prüfungen wird verzichtet.

Die beiden Matrizen lauten:

$$D(i,j) = \begin{pmatrix} 0 & 80 & 10 & 30 & 25 & 35 \\ \infty & 0 & 5 & 25 & 20 & 30 \\ \infty & 70 & 0 & 20 & 15 & 25 \\ \infty & 50 & 55 & 0 & 70 & 10 \\ \infty & 55 & 60 & 5 & 0 & 10 \\ \infty & 55 & 60 & 5 & 75 & 0 \end{pmatrix} \text{ und } Vorg(i,j) = \begin{pmatrix} 1 & 4 & 1 & 5 & 3 & 5 \\ 0 & 2 & 2 & 5 & 3 & 5 \\ 0 & 4 & 3 & 5 & 3 & 5 \\ 0 & 4 & 2 & 4 & 3 & 4 \\ 0 & 4 & 2 & 5 & 5 & 5 \\ 0 & 4 & 2 & 6 & 3 & 6 \end{pmatrix}.$$

Schleife 6: $j = 6$

Welche Wege zu $j = 6$ und welche Wege von $j = 6$ existieren schon? Dabei werden Wege mit gleichen Anfangs- und Endknoten weggelassen.

- Wege zu $j = 6$: $D(1,6) = 35, D(2,6) = 30, D(3,6) = 25,$
  $D(4,6) = 10$ und $D(5,6) = 10$
- Wege von $j = 6$: $D(6,2) = 55, D(6,3) = 60, D(6,4) = 5$ und $D(6,5) = 75$.

Deshalb müssen nur diese 20 Kombinationen überprüft werden.

Auf eine ausführliche Darstellung der Prüfungen wird verzichtet.

Die beiden Matrizen lauten:

$$D(i,j) = \begin{pmatrix} 0 & 80 & 10 & 30 & 25 & 35 \\ \infty & 0 & 5 & 25 & 20 & 30 \\ \infty & 70 & 0 & 20 & 15 & 25 \\ \infty & 50 & 55 & 0 & 70 & 10 \\ \infty & 55 & 60 & 5 & 0 & 10 \\ \infty & 55 & 60 & 5 & 75 & 0 \end{pmatrix} \text{ und } Vorg(i,j) = \begin{pmatrix} 1 & 4 & 1 & 5 & 3 & 5 \\ 0 & 2 & 2 & 5 & 3 & 5 \\ 0 & 4 & 3 & 5 & 3 & 5 \\ 0 & 4 & 2 & 4 & 3 & 4 \\ 0 & 4 & 2 & 5 & 5 & 5 \\ 0 & 4 & 2 & 6 & 3 & 6 \end{pmatrix}.$$

Aus den beiden Matrizen werden die kürzesten Wege abgelesen:

Für den Startknoten 1:

von 1 nach 2: $1 \to 3 \to 5 \to 4 \to 2$ mit der Länge 80
von 1 nach 3: $1 \to 3$ mit der Länge 10
von 1 nach 4: $1 \to 3 \to 5 \to 4$ mit der Länge 30
von 1 nach 5: $1 \to 3 \to 5$ mit der Länge 25
von 1 nach 6: $1 \to 3 \to 5 \to 6$ mit der Länge 35

Für den Startknoten 2:

von 2 nach 1: geht nicht
von 2 nach 3: $2 \to 3$ mit der Länge 5
von 2 nach 4: $2 \to 3 \to 5 \to 4$ mit der Länge 25
von 2 nach 5: $2 \to 3 \to 5$ mit der Länge 20
von 2 nach 6: $2 \to 3 \to 5 \to 6$ mit der Länge 30

Für den Startknoten 3:

von 3 nach 1:	geht nicht	
von 3 nach 2:	$3 \to 5 \to 4 \to 2$	mit der Länge 70
von 3 nach 4:	$3 \to 5 \to 4$	mit der Länge 20
von 3 nach 5:	$3 \to 5$	mit der Länge 15
von 3 nach 6:	$3 \to 5 \to 6$	mit der Länge 25

Für den Startknoten 4:

von 4 nach 1:	geht nicht	
von 4 nach 2:	$4 \to 2$	mit der Länge 50
von 4 nach 3:	$4 \to 2 \to 3$	mit der Länge 55
von 4 nach 5:	$4 \to 2 \to 3 \to 5$	mit der Länge 70
von 4 nach 6:	$4 \to 6$	mit der Länge 10

Für den Startknoten 5:

von 5 nach 1:	geht nicht	
von 5 nach 2:	$5 \to 4 \to 2$	mit der Länge 55
von 5 nach 3:	$5 \to 4 \to 2 \to 3$	mit der Länge 60
von 5 nach 4:	$5 \to 4$	mit der Länge 5
von 5 nach 6:	$5 \to 6$	mit der Länge 10

Für den Startknoten 6:

von 6 nach 1:	geht nicht	
von 6 nach 2:	$6 \to 4 \to 2$	mit der Länge 55
von 6 nach 3:	$6 \to 4 \to 2 \to 3$	mit der Länge 60
von 6 nach 4:	$6 \to 4$	mit der Länge 5
von 6 nach 5:	$6 \to 4 \to 2 \to 3 \to 5$	mit der Länge 75.

7.5 Algorithmus von Kruskal

In diesem Abschnitt wird das Problem minimaler Flüsse besprochen. Dazu sind einige weitere Definitionen notwendig.

Definition 7.8

Eine Verbindung zweier Knoten in einem ungerichteten Graphen heißt *Kette*, wenn es einen Weg zwischen diesen beiden Knoten gibt.

Ein Weg in einem ungerichteten Graphen, bei dem der Anfangsknoten gleich dem Endknoten ist und der mindestens einen weiteren Zwischenknoten beinhaltet, heißt *Kreis*.

Ein Graph heißt *zusammenhängend*, falls jedes Knotenpaar durch eine Kette verbunden ist.

Definition 7.9

Ein kreisloser, zusammenhängender Graph heißt *Baum*.

Ein kreisloser, zusammenhängender Teil eines Graphen heißt *spannender Baum*.

Definition 7.10

Ein spannender Baum, dessen Summe aller Kantenbewertungen minimal ist, heißt *minimal spannender Baum*.

Mit dem folgenden Algorithmus von Kruskal werden minimal spannende Bäume bestimmt. Diese lösen das Problem minimaler Flüsse.

Algorithmus von Kruskal

Gegeben sei ein bewerteter, zusammenhängender, schlingenfreier und ungerichteter Graph mit n Knoten und m Kanten.
Gesucht ist ein minimal spannender Baum.

Schritt 1: Alle Kanten werden nach aufsteigenden Bewertungen sortiert. Die aufsteigende Folge der Kanten sei $k_i, 1 \leq i \leq m$.

Schritt 2: Die Startmenge für die zu bestimmenden Kanten sei $\tilde{E} = \{\}$.

Schritt 3: Schleife $i = 1$ bis m
Prüfung, ob das Hinzufügen der Kante k_i einen Kreis erzeugt:

a) k_i erzeugt keinen Kreis: Die Kante wird zur Menge $\tilde{E}$ hinzugefügt.

b) k_i erzeugt einen Kreis: Die Menge $\tilde{E}$ bleibt unverändert.

Abbruch: Die Menge $\tilde{E}$ enthält genau $n - 1$ Kanten.

Beispiel 7.2

Für die im folgenden Schaubild dargestellten 6 Orte soll ein Gas-Versorgungsnetz geplant werden, so dass je zwei Orte (direkt oder indirekt) durch Versorgungsleitungen miteinander verbunden sind. Verzweigungspunkte befinden sich nur in den Orten selbst. Die Baukosten sind ebenfalls im Schaubild angegeben. Gesucht ist ein Versorgungsnetz mit minimalen Erstellungskosten.

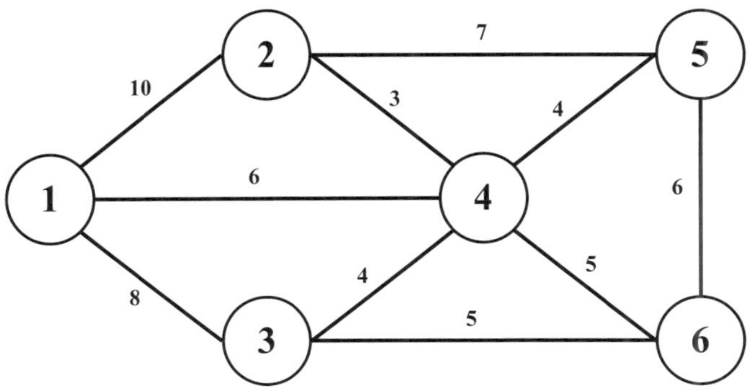

Abb. 7.2 Versorgungsnetz

Die Lösung erfolgt mit dem Algorithmus von Kruskal.

Es gilt: $n = 6, m = 10$.

Die Folge der Kanten, sortiert nach aufsteigenden Bewertungen, ist:

$$[2,4], [3,4], [4,5], [3,6], [4,6], [1,4], [5,6], [2,5], [1,3], [1,2].$$

Schleife:

Kante $[2,4]$ wird hinzugefügt.

Kante $[3,4]$ wird hinzugefügt.

Kante $[4,5]$ wird hinzugefügt.

Kante $[3,6]$ wird hinzugefügt.

Kante $[4,6]$ wird nicht hinzugefügt, da Kreis.

Kante $[1,4]$ wird hinzugefügt.

Abbruch, da der Baum jetzt aus 5 Kanten besteht:

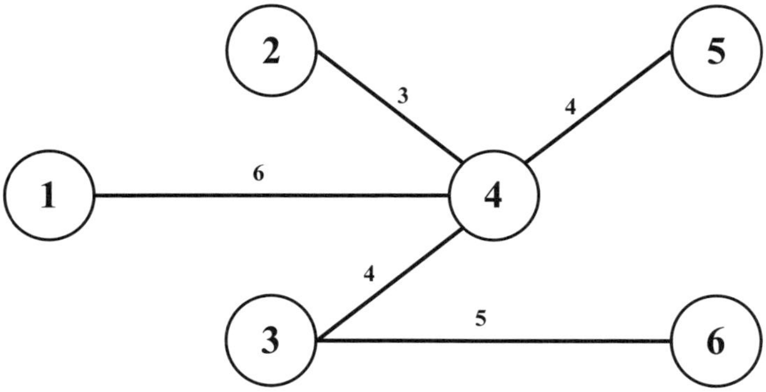

Abb. 7.3 minimal spannender Baum

7.6 Aufgaben

Aufgabe 1

Gegeben sei der folgende bewertete Digraph, bestehend aus vier Knoten.

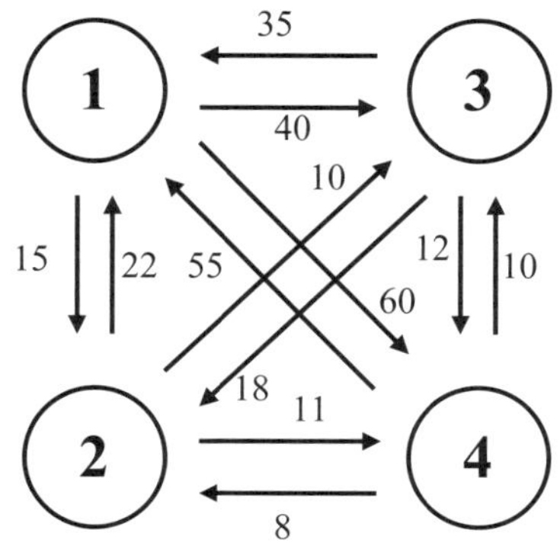

a) Geben Sie mit dem Algorithmus von Dijkstra die jeweils kürzesten Wege von Knoten 1 zu allen anderen Knoten an.
b) Geben Sie mit dem FIFO-Algorithmus die jeweils kürzesten Wege von Knoten 1 zu allen anderen Knoten an.
c) Bestimmen Sie mit dem Tripel-Algorithmus die kürzesten Wege zwischen allen paarweise verschiedenen Knoten.

Aufgabe 2

Gegeben sei der folgende bewertete Digraph, bestehend aus sechs Knoten.

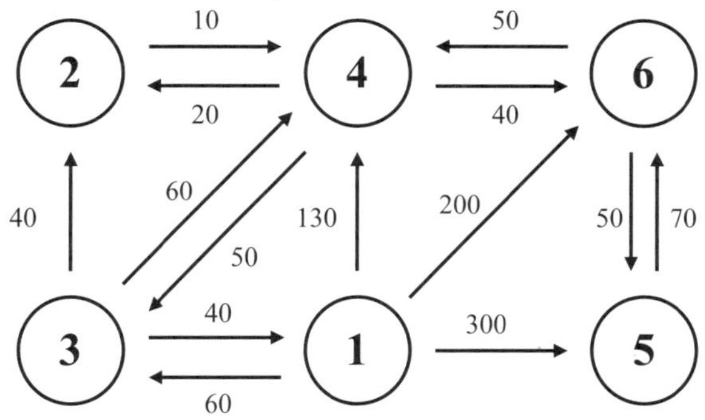

a) Geben Sie mit dem Algorithmus von Dijkstra die jeweils kürzesten Wege von Knoten 1 zu allen anderen Knoten an.
b) Geben Sie mit dem FIFO-Algorithmus die jeweils kürzesten Wege von Knoten 1 zu allen anderen Knoten an.
c) Bestimmen Sie mit dem Tripel-Algorithmus die kürzesten Wege zwischen allen paarweise verschiedenen Knoten.

Aufgabe 3

Gegeben sei der folgende bewertete Digraph, bestehend aus acht Knoten.

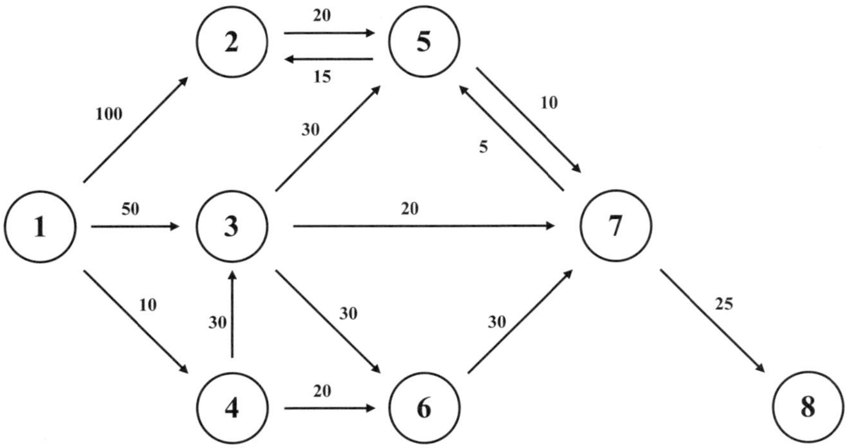

a) Geben Sie mit dem Algorithmus von Dijkstra die jeweils kürzesten Wege von Knoten 1 zu allen anderen Knoten an.
b) Geben Sie mit dem FIFO-Algorithmus die jeweils kürzesten Wege von Knoten 1 zu allen anderen Knoten an.
c) Bestimmen Sie mit dem Tripel-Algorithmus die kürzesten Wege zwischen allen paarweise verschiedenen Knoten.

Aufgabe 4

Gegeben sei der folgende Ausschnitt aus einer Landkarte mit 15 Orten. Alle eingezeichneten Straßen sind in beide Richtungen befahrbar.

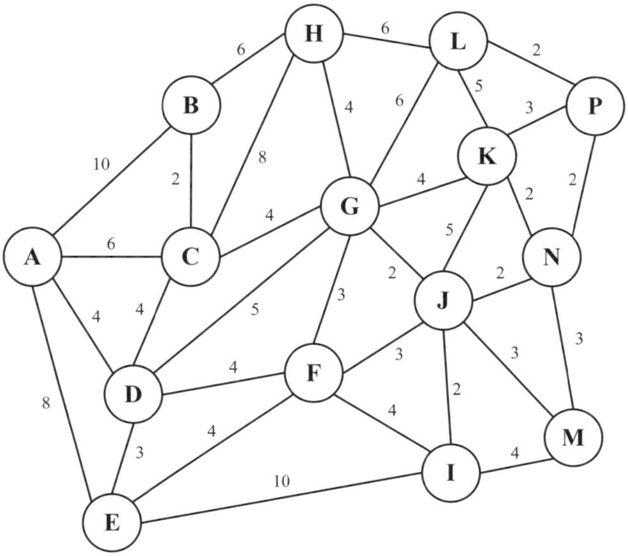

Geben Sie mit dem Algorithmus von Dijkstra die jeweils kürzesten Wege von Ort A zu allen anderen Orten an.

Aufgabe 5

Gegeben sei der folgende Ausschnitt aus einer Landkarte mit 8 Orten.

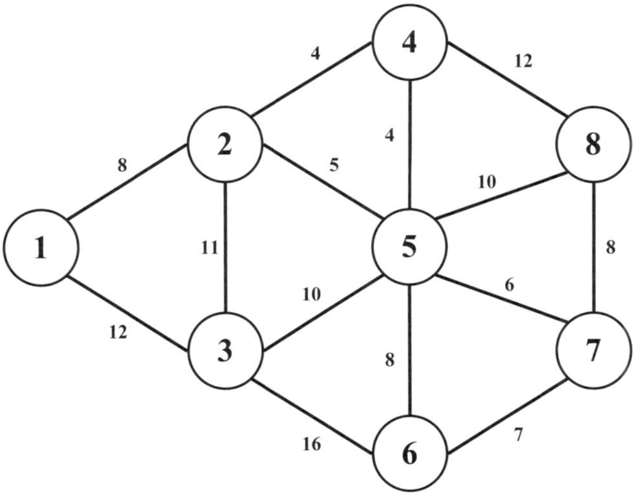

Für die 8 Orte soll ein Strom-Versorgungsnetz geplant werden, so dass je zwei Orte (direkt oder indirekt) durch Versorgungsleitungen miteinander verbunden sind. Verzweigungspunkte befinden sich nur in den Orten selbst. Die Baukosten sind ebenfalls im Schaubild angegeben. Geben Sie ein Versorgungsnetz mit minimalen Erstellungskosten an.

Aufgabe 6

Bestimmen Sie für den Graphen aus Aufgabe 4 einen minimal spannenden Baum.

8 Netzplantechnik

8.1 Beispiel, Grundbegriffe und mathematisches Modell

Ein wichtiger Teil der Graphentheorie ist die Netzplantechnik. Sie stellt ein bedeutendes Verfahren im Projektmanagement dar. Dabei geht es im Wesentlichen um die Struktur- und Zeitplanung von Projekten, deren einzelne Tätigkeiten durch eine Vorgangsliste gegeben sind.

Das folgende Beispiel verdeutlicht diesen Sachverhalt.

Beispiel 8.1

Gegeben sei die Vorgangsliste aufgrund eines Angebots für den Einbau einer neuen EDV-Anlage:

Tätigkeit	Beschreibung	Dauer in Wochen	Vorgänger
A	Systemanalyse und Design	12	-
B	CPU-Anpassung	6	A
C	Konsolengeräte auswählen	1	A
D	Erstellen der Basisprogramme	10	A
E	Erstellen der Plausibilitäten	3	D
F	Erstellen der Individual-Software	20	D
G	Prüfen und Testen	1	B, C, E
H	Aufbau der gesamten Anlage	1	C
I	Installation und Abnahme	4	F, G, H

Gesucht sind ein Strukturplan und ein Zeitplan, um die EDV-Anlage möglichst schnell zu realisieren.

Um eine *Strukturplanung* und eine *Zeitplanung* durchzuführen, wird das folgende Modell benötigt.

Mathematisches Modell Netzplantechnik

Gegeben sei eine Vorgangsliste mit n Tätigkeiten in Form einer Tabelle mit folgenden Einträgen:

- Nummer (Bezeichnung) der Tätigkeit
- eventuell eine Beschreibung in Wortform
- Dauer der Tätigkeit

- alle Vorgänger einer Tätigkeit
- alle zeitlichen Mindestabstände (Wartezeiten) zum Vorgänger, falls diese nicht alle 0 sind.

Es werden die folgenden mathematischen Größen definiert:

$i, 1 \leq i \leq n$	Nummer der Tätigkeit
$t_i, 1 \leq i \leq n$	Dauer der Tätigkeit i
$d_{ij}, 1 \leq i,j \leq n$	zeitlicher Mindestabstand der Tätigkeit j zum Vorgänger i
$FAZ(i), 1 \leq i \leq n$	frühest möglicher Anfangszeitpunkt der Tätigkeit i
$FEZ(i), 1 \leq i \leq n$	frühest möglicher Endzeitpunkt der Tätigkeit i
$SAZ(i), 1 \leq i \leq n$	spätest möglicher Anfangszeitpunkt der Tätigkeit i
$SEZ(i), 1 \leq i \leq n$	spätest möglicher Endzeitpunkt der Tätigkeit i
$GP(i), 1 \leq i \leq n$	gesamte Pufferzeit der Tätigkeit i.

Gesucht sind bei gegebenen n, t_i, d_{ij} und der Vorgängerliste die Größen $FAZ(i)$, $FEZ(i)$, $SAZ(i)$, $SEZ(i)$ und $GP(i)$.

Für Netzpläne mit günstigen Eigenschaften können sehr schnell Berechnungsformeln für die gesuchten Größen gefunden werden. Dabei ist es angenehm, wenn der Netzplan keine Zyklen beinhaltet, also solche Wege, die an einen gewissen Ausgangspunkt wieder zurückkehren und so unendlich oft durchlaufen werden könnten. Sind keine Zyklen vorhanden, kann man die Nummerierung der Tätigkeiten so auswählen, dass ein Vorgänger immer eine kleinere Nummer hat als ein Nachfolger. Meist sind die Tätigkeiten aber in der Vorgangsliste schon so vernünftig nummeriert.

8.2 Lösungsmethoden und durchgerechnete Beispiele

In diesem Abschnitt werden Berechnungsformeln für die im oben angegebenen Modell zu bestimmenden Größen sowie ein Algorithmus zur Berechnung bei größeren Netzplänen angegeben.

8.2.1 Strukurplanung

Ziel der Strukturplanung ist einzig und allein die graphische Darstellung der Tätigkeiten in Bezug auf den Fluss bzw. die Eigenschaften Vorgänger bzw. Nachfolger.

Dies geschieht durch die Symbole

[i/t_i]	Rechteck mit Nummer der Tätigkeit und deren Dauer
$\xrightarrow{d_{ij}}$	Pfeil zwischen Vorgänger und Nachfolger, beschriftet mit dem zeitlichen Mindestabstand, falls dieser nicht 0 ist.

Der Strukturplan für das **Beispiel 8.1** sieht so aus:

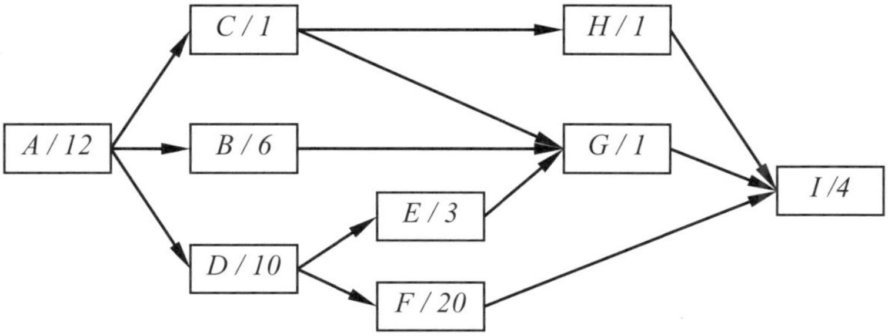

Abb. 8.1 Strukturplan

Die Strukturplanung beinhaltet allerdings noch keine Zeitplanung.

8.2.2 Zeitplanung

Die Berechnung der gesuchten Zeiten im oben erstellten Modell geschieht mit den nachfolgend dargestellten Formeln.

Berechnungsformeln Netzplantechnik

Gegeben sei eine Vorgangsliste mit n Tätigkeiten. Dabei gibt es nur einen Startknoten 1 (Knoten ohne einen Vorgänger) und einen Endknoten n (Knoten ohne einen Nachfolger). Der Netzplan enthält keine Zyklen.

Gegeben sind außerdem:

- Nummer $i, 1 \leq i \leq n$ der Tätigkeit
- Dauer $t_i, 1 \leq i \leq n$ der Tätigkeit
- alle Vorgänger einer Tätigkeit
- alle zeitlichen Mindestabstände $d_{ij}, 1 \leq i,j \leq n$ der Tätigkeit j zum Vorgänger i.

Wird die Menge aller Vorgänger einer Tätigkeit mit $V(i)$ und die Menge aller Nachfolger einer Tätigkeit mit $N(i)$ bezeichnet, so gilt:

$FAZ(1) = 0,$

$FAZ(i) = \max\{FEZ(a) + d_{ai} \mid a \in V(i)\}, 2 \leq i \leq n,$

$FEZ(i) = FAZ(i) + t_i, 1 \leq i \leq n,$

$SEZ(n) = FEZ(n),$

$SEZ(i) = \min\{SAZ(p) - d_{ip} \mid p \in N(i)\}, 1 \leq i \leq n-1,$

$SAZ(i) = SEZ(i) - t_i, 1 \leq i \leq n,$

$GP(i) = SAZ(i) - FAZ(i), 1 \leq i \leq n.$

Die Berechnung der Größen $FAZ(i)$ und $FEZ(i)$ wird Vorwärtsrechnung genannt, die Berechnung der Größen $SAZ(i)$ und $SEZ(i)$ dagegen wird Rückwärtsrechnung genannt.

Ein Weg vom Startknoten zum Endknoten heißt kritischer Pfad, falls die Summe aller Pufferzeiten gleich 0 ist. Verzögerungen bei diesen Tätigkeiten wirken sich in jedem Fall negativ auf das Ende des gesamten Prozesses aus.

Am einfachsten werden diese Zeiten anhand des Strukturplans ermittelt. Dabei werden die Rechtecke durch komplexere Darstellungen ersetzt, die eben alle zu bestimmenden Zeiten enthalten:

i	t_i
$FAZ(i)$	$SAZ(i)$
$FEZ(i)$	$SEZ(i)$
$GP(i)$	

Beispiel 8.1 (Fortsetzung)

Im Folgenden werden alle Zeiten für die Vorgangsliste für den Einbau einer neuen EDV-Anlage berechnet.

Tätigkeit	**Beschreibung**	**Dauer in Wochen**	**Vorgänger**
A	Systemanalyse und Design	12	-
B	CPU-Anpassung	6	A
C	Konsolengeräte auswählen	1	A
D	Erstellen der Basisprogramme	10	A
E	Erstellen der Plausibilitäten	3	D
F	Erstellen der Individual-Software	20	D
G	Prüfen und Testen	1	B, C, E
H	Aufbau der gesamten Anlage	1	C
I	Installation und Abnahme	4	F, G, H

Vorwärtsrechnung: Bestimmung der Zeiten $FAZ(i)$und $FEZ(i)$.

Dies geschieht in Schritten, wobei pro Schritt immer alle Zeiten derjenigen Tätigkeiten bestimmt werden, für die alle Zeiten aller Vorgänger schon bestimmt wurden.

1. Schritt: Setzen der Zeiten für den Startknoten:

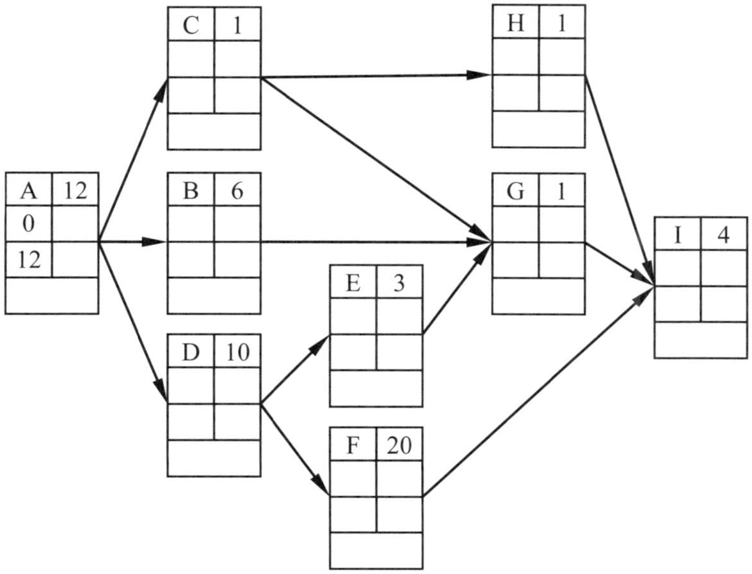

2. Schritt: Setzen der Zeiten für die Tätigkeiten B, C und D:

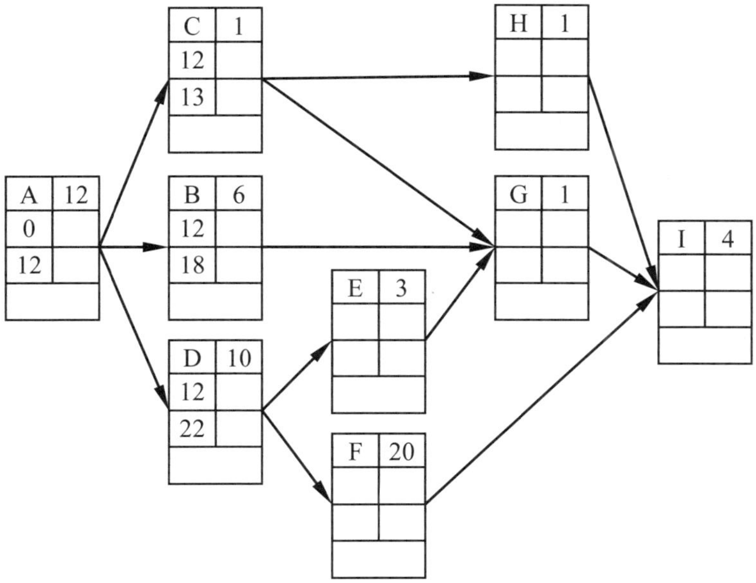

3. Schritt: Setzen der Zeiten für die Tätigkeiten E, F und H:

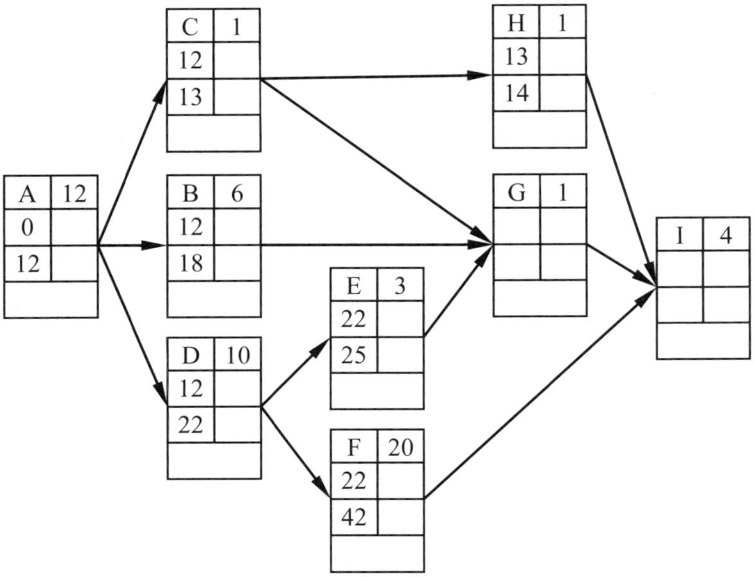

4. Schritt: Setzen der Zeiten für die Tätigkeit G: $FAZ(G) = \max\{13, 18, 25\} = 25$

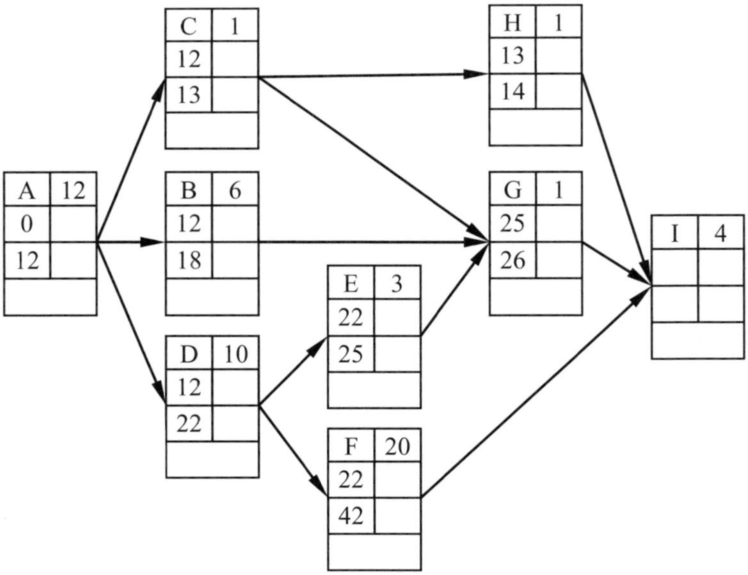

5. Schritt: Setzen der Zeiten für die Tätigkeit I: $FAZ(I) = \max\{14, 26, 42\} = 42$

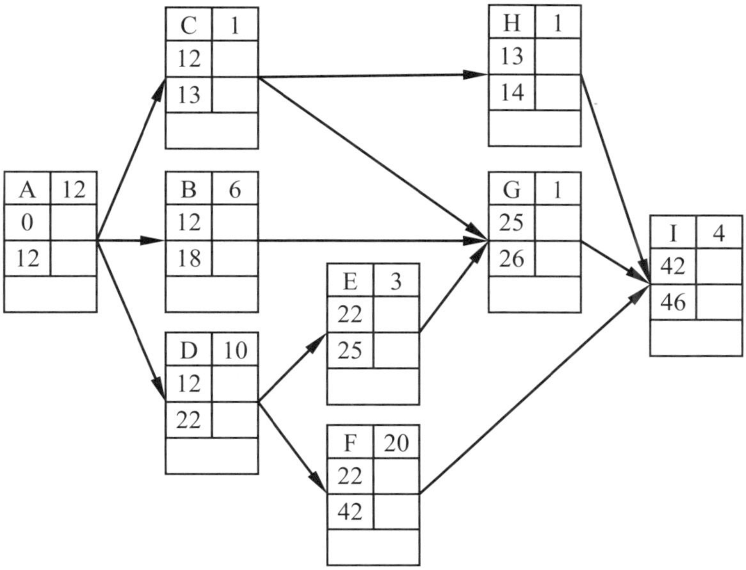

Rückwärtsrechnung: Bestimmung der Zeiten $SAZ(i)$ und $SEZ(i)$

Dies geschieht in Schritten, wobei pro Schritt immer alle Zeiten der Tätigkeiten bestimmt werden, für die alle Zeiten aller Nachfolger schon bestimmt wurden.

1. Schritt: Setzen der Zeiten für den Endknoten:

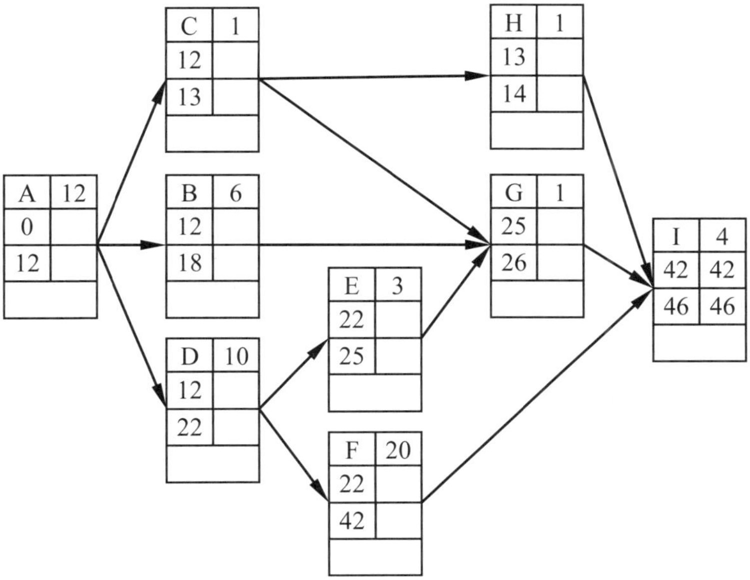

2. Schritt: Setzen der Zeiten für die Tätigkeiten F, G und H:

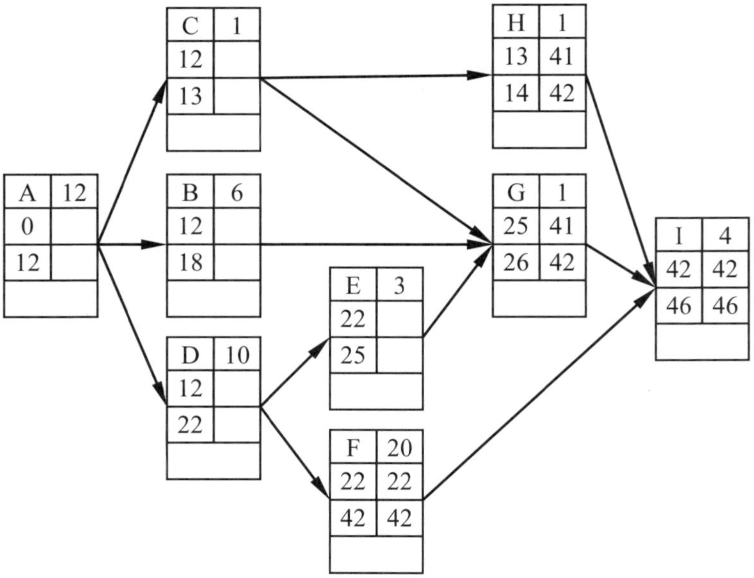

3. Schritt: Setzen der Zeiten für die Tätigkeiten B, C und E:

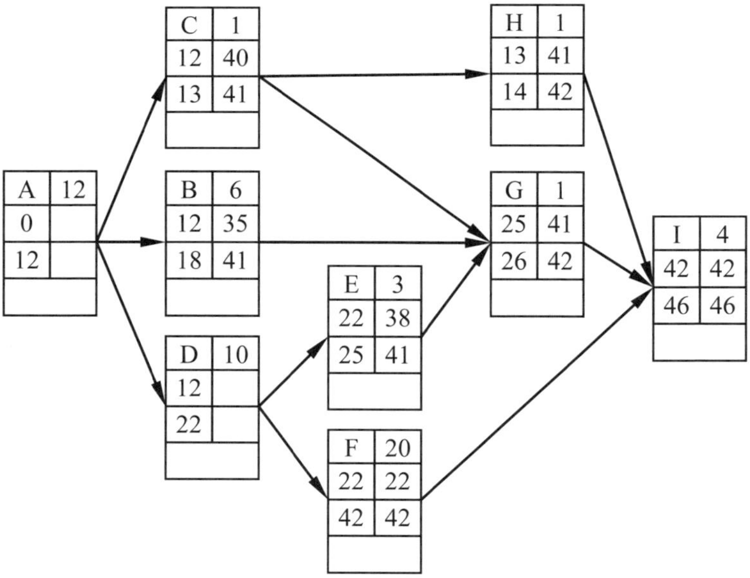

4. Schritt: Setzen der Zeiten für die Tätigkeit D: $SEZ(D) = \min\{22, 38\} = 22$

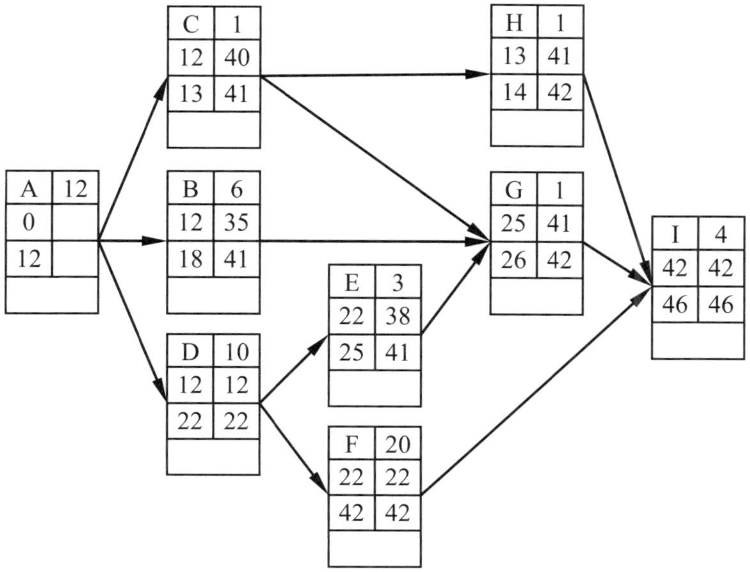

5. Schritt: Setzen der Zeiten für die Tätigkeit A: $SEZ(A) = \min\{35, 40, 12\} = 12$

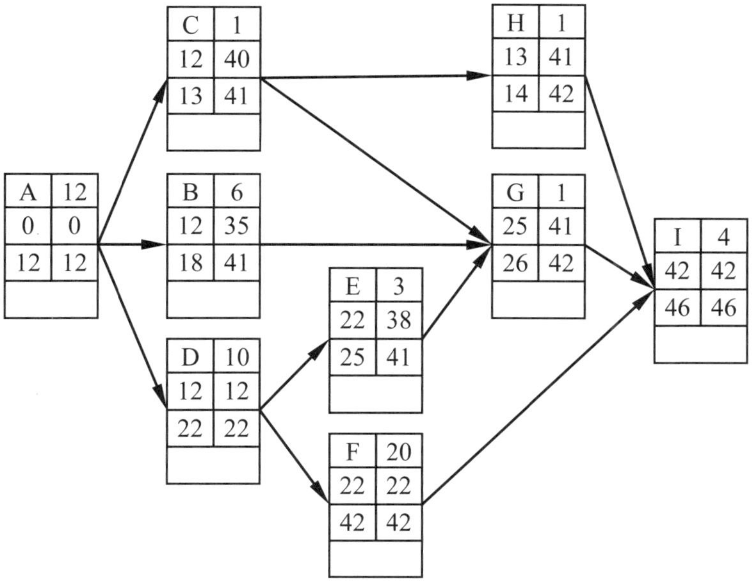

Nach Berechnung der Zeiten $GP(i)$ sieht der fertige Netzplan so aus:

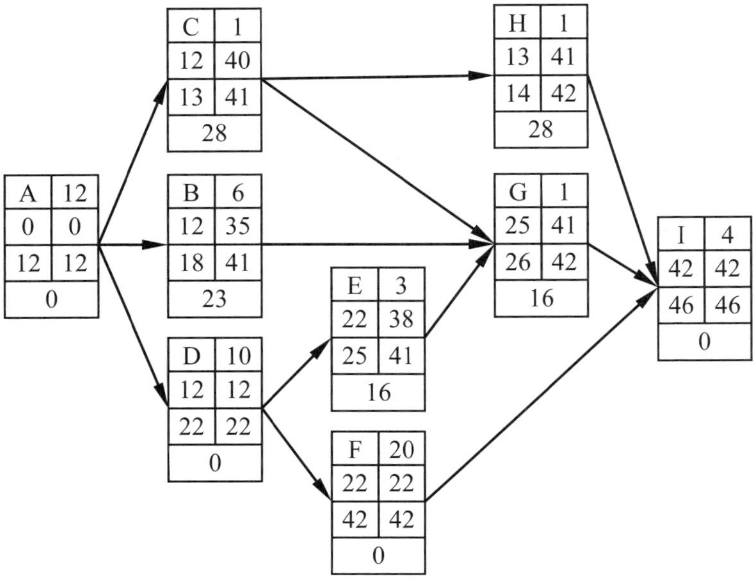

Abb. 8.2 Netzplan

Die Vorgangsliste dieses Beispiels hatte der Einfachheit halber keine zeitlichen Mindestabstände, d.h. es gab keinerlei Wartezeiten zwischen einzelnen Vorgängern.

Die Berechnung der gesamten Zeiten bei der Vorwärts- und bei der Rückwärtsrechnung setzt eine genaue Kenntnis der Struktur des Netzplans voraus. Bei umfangreichen Netzplänen mit vielen Knoten und Verbindungen müsste die Struktur irgendwie in eine Logik umgesetzt werden. Da dies explizit vom Netzplan abhängt und deshalb große Mühe erfordern würde, hat sich in der Praxis der aus dem letzten Kapitel bekannte FIFO-Algorithmus durchgesetzt. Dieser wird nachfolgend vorgestellt.

FIFO-Algorithmus

Gegeben sei eine Vorgangsliste mit n Tätigkeiten. Dabei gibt es nur einen Startknoten 1 (Knoten ohne einen Vorgänger) und einen Endknoten n (Knoten ohne einen Nachfolger). Der Netzplan enthält keine Zyklen.

Gegeben sind außerdem:

- Nummer $i, 1 \leq i \leq n$ der Tätigkeit
- Dauer $t_i, 1 \leq i \leq n$ der Tätigkeit
- alle Vorgänger einer Tätigkeit
- alle zeitlichen Mindestabstände $d_{ij}, 1 \leq i, j \leq n$ der Tätigkeit j zum Vorgänger i.

Die Menge aller Vorgänger einer Tätigkeit wird mit $V(i)$ bezeichnet und die Menge aller Nachfolger einer Tätigkeit wird mit $N(i)$ bezeichnet.

Es werden vier Vektoren mit folgenden Komponenten definiert:

- $FAZ(i), 1 \leq i \leq n$
- $FEZ(i), 1 \leq i \leq n$
- $SAZ(i), 1 \leq i \leq n$
- $SEZ(i), 1 \leq i \leq n.$

Außerdem stellt S eine Warteschlange dar, deren Anfang bzw. Kopf mit KS und deren Ende mit ES bezeichnet wird. Die Bezeichnung der Warteschlange sei $S = \langle KS, \ldots, ES]$.

Für die **Vorwärtsrechnung** gilt:

Startiteration: Es werden folgende Initialisierungen gesetzt:

- $KS = ES = 1$
- $FAZ(1) = 0$ und $FAZ(i) = -\infty$ für alle Knoten $i \neq 1$
- $FEZ(i) = 0$ für alle Knoten i.

Danach erfolgen Iterationen zu jeweils 3 Schritten bis zum Abbruch.

Schritt 1: Es wird der Schlangenkopf KS ausgewählt.

Schritt 2: Es wird $FEZ(KS) = FAZ(KS) + t_{KS}$ gesetzt.
Für alle $j \in N(KS)$ wird überprüft:
Gilt $FAZ(j) < FEZ(KS) + d_{KS,j}$, dann wird folgende Belegung gesetzt:
$FAZ(j) = FEZ(KS) + d_{KS,j}$ und der Knoten j wird der Warteschlange hinten angestellt, falls er dort noch nicht vorhanden ist.

Abbruch: Das Verfahren endet, falls gilt: $KS = ES$.

Schritt 3: Der alte Schlangenkopf KS wird entfernt.

Für die **Rückwärtsrechnung** gilt:

Startiteration: Es werden folgende Initialisierungen gesetzt:

- $KS = ES = n$
- $SEZ(n) = FEZ(n)$ und $SEZ(i) = \infty$ für alle Knoten $i \neq n$
- $SAZ(i) = 0$ für alle Knoten i.

Danach erfolgen Iterationen zu jeweils 3 Schritten bis zum Abbruch.

Schritt 1: Es wird der Schlangenkopf KS ausgewählt.

Schritt 2: Es wird $SAZ(KS) = SEZ(KS) - t_{KS}$ gesetzt.
Für alle $j \in V(KS)$ wird überprüft:
Gilt $SEZ(j) > SAZ(KS) - d_{j,KS}$, dann wird folgende Belegung gesetzt:
$SEZ(j) = SAZ(KS) - d_{j,KS}$ und der Knoten j wird der Warteschlange hinten angestellt, falls er dort noch nicht vorhanden ist.

Abbruch: Das Verfahren endet, falls gilt: $KS = ES$.

Schritt 3: Der alte Schlangenkopf KS wird entfernt.

Beispiel 8.1 (Fortsetzung)

Im Folgenden werden alle Zeiten für die Vorgangsliste für den Einbau einer neuen EDV-Anlage mit dem FIFO-Algorithmus berechnet.

Tätig-keit	Beschreibung	Dauer in Wochen	Vorgänger
A	Systemanalyse und Design	12	-
B	CPU-Anpassung	6	A
C	Konsolengeräte auswählen	1	A
D	Erstellen der Basisprogramme	10	A
E	Erstellen der Plausibilitäten	3	D
F	Erstellen der Individual-Software	20	D
G	Prüfen und Testen	1	B, C, E
H	Aufbau der gesamten Anlage	1	C
I	Installation und Abnahme	4	F, G, H

Vorwärtsrechnung:

Startiteration:

i	A	B	C	D	E	F	G	H	I
$FAZ(i)$	0	$-\infty$	$-\infty$	$-\infty$	$-\infty$	$-\infty$	$-\infty$	$-\infty$	$-\infty$
$FEZ(i)$	0	0	0	0	0	0	0	0	0

$S = \langle A]$.

1. Iteration: Auswahl: $KS = A$ und $N(A) = \{B, C, D\}$

Es wird gesetzt: $FEZ(A) = 0 + 12 = 12$.

Prüfung für $j = \text{B}$:

Es gilt: $FAZ(B) = -\infty$ und $FEZ(A) + d_{A,B} = 12 + 0 = 12$.

Da $FAZ(B) < FEZ(A) + d_{A,B}$ gilt, wird gesetzt: $FAZ(B) = 12$.

Prüfung für $j = \text{C}$:

Es gilt: $FAZ(C) = -\infty$ und $FEZ(A) + d_{A,C} = 12 + 0 = 12$.

Da $FAZ(C) < FEZ(A) + d_{A,C}$ gilt, wird gesetzt: $FAZ(C) = 12$.

Prüfung für $j = \text{D}$:

Es gilt: $FAZ(D) = -\infty$ und $FEZ(A) + d_{A,D} = 12 + 0 = 12$.

Da $FAZ(D) < FEZ(A) + d_{A,D}$ gilt, wird gesetzt: $FAZ(D) = 12$.

i	A	B	C	D	E	F	G	H	I
$FAZ(i)$	0	12	12	12	$-\infty$	$-\infty$	$-\infty$	$-\infty$	$-\infty$
$FEZ(i)$	12	0	0	0	0	0	0	0	0

$S = \langle A, B, C, D]$.

Da $KS \neq ES$, gehen die Iterationen weiter mit der neuen Schlange $S = \langle B, C, D]$.

2. Iteration: Auswahl: $KS = B$ und $N(B) = \{G\}$

Es wird gesetzt: $FEZ(B) = 12 + 6 = 18$.

Prüfung für j = G:

Es gilt: $FAZ(G) = -\infty$ und $FEZ(B) + d_{B,G} = 18 + 0 = 18$.

Da $FAZ(G) < FEZ(B) + d_{B,G}$ gilt, wird gesetzt: $FAZ(G) = 18$.

i	A	B	C	D	E	F	G	H	I
$FAZ(i)$	0	12	12	12	$-\infty$	$-\infty$	18	$-\infty$	$-\infty$
$FEZ(i)$	12	18	0	0	0	0	0	0	0

$S = \langle B, C, D, G]$.

Da $KS \neq ES$, gehen die Iterationen weiter mit der neuen Schlange $S = \langle C, D, G]$.

3. Iteration: Auswahl: $KS = C$ und $N(C) = \{G, H\}$

Es wird gesetzt: $FEZ(C) = 12 + 1 = 13$.

Prüfung für j = G:

Es gilt: $FAZ(G) = 18$ und $FEZ(C) + d_{C,G} = 13 + 0 = 13$.

Da $FAZ(G) > FEZ(C) + d_{C,G}$ gilt, gibt es hier keine Änderung

Prüfung für j = H:

Es gilt: $FAZ(H) = -\infty$ und $FEZ(C) + d_{C,H} = 13 + 0 = 13$.

Da $FAZ(H) < FEZ(C) + d_{C,H}$ gilt, wird gesetzt: $FAZ(H) = 13$.

i	A	B	C	D	E	F	G	H	I
$FAZ(i)$	0	12	12	12	$-\infty$	$-\infty$	18	13	$-\infty$
$FEZ(i)$	12	18	13	0	0	0	0	0	0

$S = \langle C, D, G, H]$.

Da $KS \neq ES$, gehen die Iterationen weiter mit der neuen Schlange $S = \langle D, G, H]$.

Bei den noch folgenden Iterationen werden die Prüfungen nicht angegeben.

4. Iteration:

i	A	B	C	D	E	F	G	H	I
$FAZ(i)$	0	12	12	12	22	22	18	13	$-\infty$
$FEZ(i)$	12	18	13	22	0	0	0	0	0

$S = \langle D, G, H, E, F]$.

Da $KS \neq ES$, gehen die Iterationen weiter mit der neuen Schlange $S = \langle G, H, E, F]$.

5. Iteration:

i	A	B	C	D	E	F	G	H	I
$FAZ(i)$	0	12	12	12	22	22	18	13	19
$FEZ(i)$	12	18	13	22	0	0	19	0	0

$S = \langle G, H, E, F, I]$.

Da $KS \neq ES$, gehen die Iterationen weiter mit der neuen Schlange $S = \langle H, E, F, I]$.

6. Iteration:

i	A	B	C	D	E	F	G	H	I
$FAZ(i)$	0	12	12	12	22	22	18	13	19
$FEZ(i)$	12	18	13	22	0	0	19	14	0

$S = \langle H, E, F, I]$.

Da $KS \neq ES$, gehen die Iterationen weiter mit der neuen Schlange $S = \langle E, F, I]$.

7. Iteration:

i	A	B	C	D	E	F	G	H	I
$FAZ(i)$	0	12	12	12	22	22	25	13	19
$FEZ(i)$	12	18	13	22	25	0	19	14	0

$S = \langle E, F, I, G]$.

Da $KS \neq ES$, gehen die Iterationen weiter mit der neuen Schlange $S = \langle F, I, G]$.

8. Iteration:

i	A	B	C	D	E	F	G	H	I
$FAZ(i)$	0	12	12	12	22	22	25	13	42
$FEZ(i)$	12	18	13	22	25	42	19	14	0

$S = \langle F, I, G]$.

Da $KS \neq ES$, gehen die Iterationen weiter mit der neuen Schlange $S = \langle I, G]$.

9. Iteration:

i	A	B	C	D	E	F	G	H	I
$FAZ(i)$	0	12	12	12	22	22	25	13	42
$FEZ(i)$	12	18	13	22	25	42	19	14	46

$S = \langle I, G]$.

Da $KS \neq ES$, gehen die Iterationen weiter mit der neuen Schlange $S = \langle G]$.

10. Iteration:

i	A	B	C	D	E	F	G	H	I
$FAZ(i)$	0	12	12	12	22	22	25	13	42
$FEZ(i)$	12	18	13	22	25	42	26	14	46

$S = \langle\, G]$.

Es gilt $KS = ES$. Damit ist die Abbruchbedingung erfüllt.

Rückwärtsrechnung:

Startiteration:

i	A	B	C	D	E	F	G	H	I
$SAZ(i)$	0	0	0	0	0	0	0	0	0
$SEZ(i)$	∞	∞	∞	∞	∞	∞	∞	∞	46

$S = \langle I]$.

1. Iteration: Auswahl: $KS = I$ und $V(I) = \{F, G, H\}$

Es wird gesetzt: $SAZ(I) = 46 - 4 = 42$.

Prüfung für j = F:

Es gilt: $SEZ(F) = \infty$ und $SAZ(I) - d_{F,I} = 42 - 0 = 42$.

Da $SEZ(F) > SAZ(I) - d_{F,I}$ gilt, wird gesetzt: $SEZ(F) = 42$.

Prüfung für j = G:

Es gilt: $SEZ(G) = \infty$ und $SAZ(I) - d_{G,I} = 42 - 0 = 42$.

Da $SEZ(G) > SAZ(I) - d_{G,I}$ gilt, wird gesetzt: $SEZ(G) = 42$.

Prüfung für j = H:

Es gilt: $SEZ(H) = \infty$ und $SAZ(I) - d_{H,I} = 42 - 0 = 42$.

Da $SEZ(H) > SAZ(I) - d_{H,I}$ gilt, wird gesetzt: $SEZ(H) = 42$.

i	A	B	C	D	E	F	G	H	I
$SAZ(i)$	0	0	0	0	0	0	0	0	42
$SEZ(i)$	∞	∞	∞	∞	∞	42	42	42	46

$S = \langle I, F, G, H]$.

Da $KS \neq ES$, gehen die Iterationen weiter mit der neuen Schlange $S = \langle F, G, H]$.

2. Iteration: Auswahl: $KS = F$ und $V(F) = \{D\}$

Es wird gesetzt: $SAZ(F) = 42 - 20 = 22$.

Prüfung für j = D:

Es gilt: $SEZ(D) = \infty$ und $SAZ(F) - d_{D,F} = 22 - 0 = 22$.

Da $SEZ(D) > SAZ(F) - d_{D,F}$ gilt, wird gesetzt: $SEZ(D) = 22$.

i	A	B	C	D	E	F	G	H	I
$SAZ(i)$	0	0	0	0	0	22	0	0	42
$SEZ(i)$	∞	∞	∞	22	∞	42	42	42	46

$S = \langle F, G, H, D]$.

Da $KS \neq ES$, gehen die Iterationen weiter mit der neuen Schlange $S = \langle G, H, D]$.

3. Iteration: Auswahl: $KS = G$ und $V(G) = \{B, C, E\}$

Es wird gesetzt: $SAZ(G) = 42 - 1 = 41$.

Prüfung für j = B:

Es gilt: $SEZ(B) = \infty$ und $SAZ(G) - d_{B,G} = 41 - 0 = 41$.

Da $SEZ(B) > SAZ(G) - d_{B,G}$ gilt, wird gesetzt: $SEZ(B) = 41$.

Prüfung für j = C:

Es gilt: $SEZ(C) = \infty$ und $SAZ(G) - d_{C,G} = 41 - 0 = 41$.

Da $SEZ(C) > SAZ(G) - d_{C,G}$ gilt, wird gesetzt: $SEZ(C) = 41$.

Prüfung für j = E:

Es gilt: $SEZ(E) = \infty$ und $SAZ(G) - d_{E,G} = 41 - 0 = 41$.

Da $SEZ(E) > SAZ(G) - d_{E,G}$ gilt, wird gesetzt: $SEZ(E) = 41$.

i	A	B	C	D	E	F	G	H	I
$SAZ(i)$	0	0	0	0	0	22	41	0	42
$SEZ(i)$	∞	41	41	22	41	42	42	42	46

$S = \langle G, H, D, B, C, E]$.

Da $KS \neq ES$, gehen die Iterationen weiter mit der neuen Schlange $S = \langle H, D, B, C, E]$.

Bei den noch folgenden Iterationen werden die Prüfungen nicht angegeben.

4. Iteration:

i	A	B	C	D	E	F	G	H	I
$SAZ(i)$	0	0	0	0	0	22	41	41	42
$SEZ(i)$	∞	41	41	22	41	42	42	42	46

$S = \langle H, D, B, C, E]$.

Da $KS \neq ES$, gehen die Iterationen weiter mit der neuen Schlange $S = \langle D, B, C, E]$.

5. Iteration:

i	A	B	C	D	E	F	G	H	I
$SAZ(i)$	0	0	0	12	0	22	41	41	42
$SEZ(i)$	12	41	41	22	41	42	42	42	46

$S = \langle D, B, C, E, A]$.

Da $KS \neq ES$, gehen die Iterationen weiter mit der neuen Schlange $S = \langle B, C, E, A]$.

6. Iteration:

i	A	B	C	D	E	F	G	H	I
$SAZ(i)$	0	35	0	12	0	22	41	41	42
$SEZ(i)$	12	41	41	22	41	42	42	42	46

$S = \langle B, C, E, A]$.

Da $KS \neq ES$, gehen die Iterationen weiter mit der neuen Schlange $S = \langle C, E, A]$.

7. Iteration:

i	A	B	C	D	E	F	G	H	I
$SAZ(i)$	0	35	40	12	0	22	41	41	42
$SEZ(i)$	12	41	41	22	41	42	42	42	46

$S = \langle C, E, A]$.

Da $KS \neq ES$, gehen die Iterationen weiter mit der neuen Schlange $S = \langle E, A]$.

8. Iteration:

i	A	B	C	D	E	F	G	H	I
$SAZ(i)$	0	35	40	12	38	22	41	41	42
$SEZ(i)$	12	41	41	22	41	42	42	42	46

$S = \langle E, A]$.

Da $KS \neq ES$, gehen die Iterationen weiter mit der neuen Schlange $S = \langle A]$.

9. Iteration:

i	A	B	C	D	E	F	G	H	I
$SAZ(i)$	0	35	40	12	38	22	41	41	42
$SEZ(i)$	12	41	41	22	41	42	42	42	46

$S = \langle A]$.

Es gilt $KS = ES$. Damit ist die Abbruchbedingung erfüllt.

Somit gilt insgesamt:

i	A	B	C	D	E	F	G	H	I
$FAZ(i)$	0	12	12	12	22	22	25	13	42
$FEZ(i)$	12	18	13	22	25	42	26	14	46
$SAZ(i)$	0	35	40	12	38	22	41	41	42
$SEZ(i)$	12	41	41	22	41	42	42	42	46

8.3 Aufgaben

Aufgabe 1

Gegeben sei folgende Vorgangsliste für die Erstellung eines neuen IT-Systems:

Tätig-keit	**Beschreibung**	**Dauer in Wochen**	**Vorgänger**
A	Anforderungskatalog erstellen	2	-
B	Vorstudie durchführen	4	-
C	Systementwurf grob	1	A, B
D	Softwarearchitektur auswählen	1	C
E	Hardware auswählen	2	C
F	Softwareentwurf	2	C
G	Prototyping für die Geräte	4	D, E
H	Programmierung	12	D, F
I	Test Hardware	1	G
J	Test Software	1	H
K	Installation	1	I, J
L	Abschlusstest	2	K

a) Erstellen Sie einen Strukturplan.
b) Berechnen Sie in einer Vorwärtsrechnung die Zeiten $FAZ(i)$ und $FEZ(i)$.
c) Berechnen Sie in einer Rückwärtsrechnung die Zeiten $SAZ(i)$ und $SEZ(i)$.
d) Berechnen Sie die gesamten Pufferzeiten $GP(i)$.
e) Geben Sie die kritischen Pfade an.
f) Zeichnen Sie den gesamten Netzplan.
g) Überprüfen Sie das Ergebnis mit dem FIFO-Algorithmus.

Aufgabe 2

Gegeben sei folgende Vorgangsliste für einen Auftrag im Handwerk:

Tätigkeit	**Dauer in Tagen**	**Vorgänger**	**Abstand vom Vorgänger**
A	3	-	-
B	4	A	3
C	3	A	2
D	5	A B	10 −2
E	2	B C D	3 −1 1

a) Erstellen Sie einen Strukturplan.
b) Berechnen Sie in einer Vorwärtsrechnung die Zeiten $FAZ(i)$ und $FEZ(i)$.

c) Berechnen Sie in einer Rückwärtsrechnung die Zeiten $SAZ(i)$ und $SEZ(i)$.
d) Berechnen Sie die gesamten Pufferzeiten $GP(i)$.
e) Geben Sie die kritischen Pfade an.
f) Zeichnen Sie den gesamten Netzplan.
g) Überprüfen Sie das Ergebnis mit dem FIFO-Algorithmus.

Aufgabe 3

Für die Herstellung einer Lauchtorte wurden die Angaben in einem Kochbuch in folgende Vorgangsliste übertragen:

Tätigkeit	Beschreibung	Dauer in Minuten	Vorgänger	Mindestabstand zum Vorgänger
1	Zutaten einkaufen	30	-	-
2	Teigzutaten verkneten	10	1	-
3	Teig kaltstellen	1	2	-
4	Lauch putzen und zerkleinern	5	1	-
5	Fett erhitzen	1	1	-
6	Lauch andünsten	2	4 5	- -
7	Gewürze und Wein hinzufügen	10	6	-
8	Schinkenspeck in Würfel schneiden	4	1	-
9	Backform ausfetten	1	1	-
10	Teig auswellen und in die Form legen	3	3 9	30 -
11	Speck darauf verteilen	1	8 10	- -
12	Lauch und Wein/Gewürze zugeben	1	7 11	- -
13	Eier, Sahne und neue Gewürze verrühren	2	1	-
14	diese Mischung ebenfalls zugeben	1	12 13	- -
15	Torte backen	45	14	-

a) Erstellen Sie einen Strukturplan.
b) Berechnen Sie in einer Vorwärtsrechnung die Zeiten $FAZ(i)$ und $FEZ(i)$.
c) Berechnen Sie in einer Rückwärtsrechnung die Zeiten $SAZ(i)$ und $SEZ(i)$.
d) Berechnen Sie die gesamten Pufferzeiten $GP(i)$.
e) Geben Sie die kritischen Pfade an.
f) Zeichnen Sie den gesamten Netzplan.
g) Überprüfen Sie das Ergebnis mit dem FIFO-Algorithmus.

9 Simulation

Simulationen können immer dann eingesetzt werden, wenn ein komplexes System mathematisch nicht mehr beherrschbar ist. Häufig wird dies bei Problemen, bei denen zufällige Phänomene eine Rolle spielen, erforderlich sein. Beim Simulieren wird einfach versucht, die reale Situation so zu vereinfachen oder näherungsweise nachzuspielen, dass dadurch brauchbare Ergebnisse gefunden werden.

In diesem Abschnitt wird nur ein kleiner Teil aus dem gesamten Aufgabengebiet der Simulation betrachtet. Gegeben seien dabei vom Zufall abhängige Prozesse, deren Verteilung zwar bekannt ist, aber Aussagen über Entscheidungen in diesem Zusammenhang nicht mit Mitteln der Stochastik möglich sind.

Das folgende **Beispiel 9.1** zeigt eine Einsatzmöglichkeit der Simulation:

Ein Eisprodukt-Hersteller produziert in einer Woche im Mittel 50 000 Portionen Fruchteis mit einer Varianz von $1\,500^2$ Portionen. Sein Gewinn beträgt pro verkaufter Portion 0.25€. Die wöchentliche Nachfrage schwankt (abhängig von den Außentemperaturen) bei einem Mittelwert von 60 000 Portionen und einer Varianz von $1\,500^2$ Portionen. Da die mittlere Nachfrage größer als die produzierte Menge ist, zieht der Hersteller Sonderschichten in Erwägung. Die in einer Sonderschicht produzierte Menge beträgt 8 000 Portionen bei einer Varianz von 400^2 Portionen. Aufgrund höherer Herstellungskosten verringert sich der Gewinn für die in der Sonderschicht hergestellten Portionen auf 0.20€. Jede nicht verkaufte Portion verursacht einen Schaden von 0.35€. Unter der Voraussetzung, dass Normalverteilungen den gegebenen Sachverhalt stochastisch modellieren, ist zu überprüfen, ob Sonderschichten sinnvoll sind.

Bei dieser Art von Aufgabenstellungen wird versucht, die gegebene Situation unter Berücksichtigung der Angaben nachzuspielen, etwa über einen Zeitraum von mehreren Wochen. Es ist also notwendig, Daten zu erzeugen, welche die gegebenen Verteilungen möglichst gut repräsentieren.

Dazu müssen Algorithmen entwickelt werden, die Zufallszahlen erzeugen, welche der gegebenen Verteilung möglichst gut genügen. Dabei ist es aber unumgänglich, nach der Erzeugung statistische Tests durchzuführen um zu überprüfen, ob die Zufallszahlen tatsächlich der gegebenen Verteilung genügen!

In der Stochastik gibt es eine große Anzahl von verschiedenen Verteilungen. Im Folgenden werden zwei der wichtigsten Verteilungsgruppen besprochen, die Gleichverteilung und die Normalverteilung.

9.1 Gleichverteilte Zufallszahlen

Bei der Gleichverteilung sind die Werte gleichmäßig in einem gegebenen Intervall $[a, b]$ verteilt. Der wichtigste Spezialfall der Standard-Gleichverteilung wird durch das Intervall $[0, 1]$ dargestellt.

Für die Simulation von Zufallszahlen, die der Standard-Gleichverteilung folgen, gibt es unterschiedliche Algorithmen. Die dabei erzeugten Zahlen werden Standardzufallszahlen genannt. Zwei dieser Algorithmen werden nun vorgestellt.

Midsquare-Methode:

Eine beliebig vorgegebene vierstellige Zahl wird quadriert. Dann wird abwechselnd vorne und hinten jeweils eine Ziffer abgeschnitten, bis vier Ziffern übrig bleiben. Es entsteht wieder eine vierstellige Zahl. Diese wird analog behandelt. So entsteht eine Folge von vierstelligen Zahlen. Diese werden noch durch 10 000 geteilt.

Beispiel 9.2

vierstellige Zahl	Quadrat	abgeschnitten	Standardzufallszahl
2453	6017209	1720	0.1720
1720	2958400	5840	0.5840
5840	34105600	1056	0.1056
1056	1115136	1513	0.1513
1513	2289169	8916	0.8916

Eine Alternative dazu stellt der folgende Algorithmus dar.

Kongruenzmethode nach Lehmer:

Gegeben seien natürliche Zahlen a, b, Z_0 und m. Damit wird eine Folge von Zahlen erzeugt: $Z_{k+1} = (a \cdot Z_k + c) \bmod m$.

Dann sind die Zahlen $S_k = \frac{Z_k}{m}$ Standardzufallszahlen.

Für die Wahl der Parameter gibt es eine Reihe von Hinweisen, die berücksichtigt werden sollten. Sonst kann es passieren, dass die erzeugte Folge periodisch wird.

Die wichtigsten Vorschläge dabei sind $m = 2^k, 30 \leq k \leq 40$ und $Z_0 \ll m$.

Beispiel 9.3

Mit $m = 2^{30}, a = 12\,345, c = 76\,767$ und $Z_0 = 3\,567\,855$ gilt

Z_k	S_k
3 567 855	0.00332282
21 831 958	0.02033260
6400453	0.00596089
630 515 900	0.58721369
164 380 091	0.15309089
973 994 626	0.90710318
202 789 585	0.18886252
545 311 848	0.50786123
587 345 671	0.54700828
877 589 614	0.81731902

9.2 Normalverteilte Zufallszahlen

Die Normalverteilung ist nicht nur wegen des zentralen Grenzwertsatzes die wichtigste Verteilung in der gesamten Stochastik.

Sie hat die Dichte $f(x) = \frac{1}{\sqrt{2\pi\sigma}} \cdot e^{-\frac{(x-\mu)^2}{2\sigma^2}}$.

Dabei ist μ der Erwartungswert und σ^2 die Varianz.

Die folgenden zwei Algorithmen erzeugen Standard-normalverteilte Zufallszahlen $N_k(0, 1)$ $(\mu = 0, \sigma^2 = 1)$.

Durch die Transformation $N_k(\mu, \sigma^2) = \sigma \cdot N_k(0, 1) + \mu$ erhält man Zufallszahlen bezüglich der oben angegebenen Dichtefunktion.

Zwölferregel:

Gegeben seien k Serien zu je 12 Standardzufallszahlen $x_i(k), 1 \leq i \leq 12$.

Dann erhält man durch $N_k = \sum_{i=1}^{12} x_i(k) - 6$

eine Folge von näherungsweise Standard-normalverteilten Zufallszahlen.

Der folgende Algorithmus erzeugt exakt Standard-normalverteilte Zufallszahlen.

Box-Muller-Methode:

Gegeben seien k Serien zu je 2 unabhängigen Standardzufallszahlen $u_i(k), 1 \leq i \leq 2$.

Dann erhält man durch $N_k = \sqrt{-2 \cdot \ln u_1(k)} \cdot \cos(2\pi \cdot u_2(k))$ eine Folge von Standard-normalverteilten Zufallszahlen.

Diese Methode wird bei der Behandlung des Beispiels 9.1 im Folgenden verwendet. Es wird eine Simulation mit Stichprobenumfang $n = 20$ durchgeführt. Zuerst werden 3 Serien zu jeweils 2x20 Standardzufallszahlen nach der Kongruenzmethode nach Lehmer erzeugt:

$m = 2^{30}$ $a = 12345$ $c = 76767$ $Z_0 = 3567855$	$m = 2^{31}$ $a = 8493$ $c = 4992$ $Z_0 = 24745544$	$m = 2^{31}$ $a = 47381$ $c = 589444$ $Z_0 = 2348838$	$m = 2^{29}$ $a = 28847$ $c = 98534$ $Z_0 = 885546669$	$m = 2^{29}$ $a = 84831$ $c = 49372$ $Z_0 = 1796368$	$m = 2^{32}$ $a = 9567$ $c = 77443$ $Z_0 = 3976004$
0.00332282	0.11523042	0.01093763	0.16494592	0.00334600	0.09257357
0.02033260	0.65196847	0.23615300	0.19527205	0.84429064	0.65133633
0.00596089	0.16823648	0.16550292	0.01287171	0.01907519	0.33467590
0.58721369	0.83240799	0.69414032	0.31031127	0.16711583	0.84435053
0.15309089	0.64108517	0.06287309	0.54952201	0.60305694	0.90149909
0.90710318	0.73630941	0.99037959	0.06151612	0.92315330	0.64182782
0.18886252	0.47581812	0.17580835	0.55578061	0.01798657	0.36680413
0.50786123	0.12328314	0.97593073	0.60354968	0.81845775	0.21512442
0.54700828	0.04368573	0.57407665	0.59768757	0.58905938	0.09536762
0.81731902	0.02289999	0.32612579	0.49341877	0.49658384	0.38208090
0.80335816	0.48964482	0.16645808	0.65143915	0.70397070	0.36798181
0.45661368	0.55349308	0.95078630	0.06547399	0.53858628	0.48202221
0.89593239	0.81672451	0.20593288	0.72838792	0.81291583	0.50645456
0.28547641	0.44127704	0.30629595	0.80640967	0.46301975	0.25075767
0.20636235	0.76592425	0.60883425	0.50004264	0.42859009	0.99860934
0.54322368	0.99466753	0.17593513	0.73026391	0.72593894	0.69558098
0.09638956	0.71137072	0.98249727	0.92306837	0.12618878	0.62328528
0.92920155	0.67149618	0.70363330	0.75341852	0.72089853	0.97027023
0.99319290	0.01702250	0.84968521	0.86428639	0.54340723	0.57533710
0.96643315	0.57212884	0.93504573	0.06959911	0.77895322	0.25008787

Nach der Box-Muller-Methode werden 3 Serien Standard-normalvert. Zufallszahlen erzeugt:

1.66793551	1.00870650	2.22503520
−1.06271953	0.37746621	0.23790698
1.03660842	1.24586983	−1.65110908
0.33657316	−0.20832234	−0.06471431
−0.80710736	−1.47574460	0.32204495
−0.02500194	0.08487314	0.10991530
−1.18934592	−1.15408796	−0.86014982
0.54827267	−0.11575290	−0.08864367
0.69678800	−0.56757502	0.20819973
0.41426352	−0.98568074	−0.77975270
−0.43517539	−0.72436990	0.53276860
−0.77899635	0.19189824	0.31338804
0.12576347	−0.15860061	0.06051623
−0.97325816	0.35183505	0.07842296
0.11694763	−0.65650729	−0.85519292
0.72763165	−0.15195483	−0.52680611
−0.34259378	0.10965516	−1.30036021
−0.11957979	0.01186734	0.07862942
0.07658444	0.24748053	−0.49624710
−0.15482580	0.21879665	0.40655032

Durch $N_k(\mu, \sigma^2) = \sigma \cdot N_k(0,1) + \mu$ werden die Simulationswerte für die Produktionsmengen, die Nachfragemengen und die in der Sonderschicht produzierten Mengen bestimmt:

Produktionsmengen $N_k(50\,000, 1\,500^2)$	**Nachfragemengen** $N_k(60\,000, 15\,000^2)$	**Mengen aus den Sonderschichten** $N_k(8\,000, 400^2)$
52502	75131	8890
48406	65662	8095
51555	78688	7340
50505	56875	7974
48789	37864	8129
49962	61273	8044
48216	42689	7656
50822	58264	7965
51045	51486	8083
50621	45215	7688
49347	49134	8213
48832	62878	8125
50189	57621	8024
48540	65278	8031
50175	50152	7658
51091	57721	7789
49486	61645	7480
49821	60178	8031
50115	63712	7802
49768	63282	8163

Berechnung des durchschnittlichen Gewinns ohne Sonderschichten:

Anzahl der verkauften Portionen	**Anzahl der nicht verkauften Portionen**	**Gewinn**
52502	0	13125.50
48406	0	12101.50
51555	0	12888.75
50505	0	12626.25
37864	10925	5642.25
49962	0	12490.50
42689	5527	8737.80
50822	0	12705.50
51045	0	12761.25
45215	5406	9411.65
49134	213	12208.95
48832	0	12208.00
50189	0	12547.25
48540	0	12135.00
50152	23	12529.95
51091	0	12772.75
49486	0	12371.50
49821	0	12455.25
50115	0	12528.75
49768	0	12442.00

Daraus ergibt sich ein durchschnittlicher Gewinn von 11 834.52€.

Berechnung des durchschnittlichen Gewinns mit Sonderschichten:

Anzahl der verkauften Portionen aus der Normalschicht	Anzahl der verkauften Portionen aus der Sonderschicht	Anzahl der nicht verkauften Portionen	Gewinn
52502	8890	0	14903,50
48406	8095	0	13720,50
51555	7340	0	14356,75
50505	6370	1604	13338,85
37864	0	19054	2797,10
49962	8044	0	14099,30
42689	0	13183	6058,20
50822	7442	523	14010,85
51045	441	7642	10174,75
45215	0	13094	6720,85
49134	0	8426	9334,40
48832	8125	0	13833,00
50189	7432	592	13826,45
48540	8031	0	13741,20
50152	0	7681	9849,65
51091	6630	1159	13693,10
49486	7480	0	13867,50
49821	8031	0	14061,45
50115	7802	0	14089,15
49768	8163	0	14074,60

Daraus ergibt sich ein durchschnittlicher Gewinn von 12 027.56€.

Als Ergebnis dieser Simulation würde sich der Einsatz von Sonderschichten lohnen. Dieses Ergebnis sollte aber noch nicht generell verwendet werden. Eine Bestätigung durch zusätzliche Simulationen, etwa mit größerem Umfang muss zwingend erfolgen.

9.3 Aufgabe

Aufgabe 1

Führen Sie für das Beispiel 9.1 drei Simulationen mit Stichprobenumfang $n = 50$ durch und bestätigen oder verwerfen Sie das Ergebnis der in diesem Kapitel durchgeführten Simulation.

10 Lösungen der Aufgaben

10.1 Lösungen zu Kapitel 1

Aufgabe 1

x_1 sei die Anzahl der hergestellten Mengeneinheiten nach Verfahren X.
x_2 sei die Anzahl der hergestellten Mengeneinheiten nach Verfahren Y.
x_3 sei die Anzahl der hergestellten Mengeneinheiten nach Verfahren Z.

$$5x_1 + 10x_2 + 5x_3 \leq 800$$
$$15x_1 + 5x_2 + 10x_3 \leq 700$$
$$5x_1 + 10x_2 + 10x_3 \leq 600$$
$$z = 15x_1 + 20x_2 + 15x_3 = \text{max.}$$

Aufgabe 2

Sei x_{ij} die Transportmenge von Anbieter A_i zum Nachfrager N_j.

Dann können aus folgender Tabelle die Beschränkungen abgelesen werden.

		Nachfrager				
		N_1	N_2	N_3	N_4	Angebots-mengen
Anbieter	A_1	x_{11}	x_{12}	x_{13}	x_{14}	25
	A_2	x_{21}	x_{22}	x_{23}	x_{24}	25
	A_3	x_{31}	x_{32}	x_{33}	x_{34}	40
Nachfrage-mengen		10	30	15	35	90

$$x_{11} + x_{12} + x_{13} + x_{14} \leq 25$$
$$x_{21} + x_{22} + x_{23} + x_{24} \leq 25$$
$$x_{31} + x_{32} + x_{33} + x_{34} \leq 40$$
$$x_{11} + x_{21} + x_{31} \leq 10$$
$$x_{12} + x_{22} + x_{32} \leq 30$$
$$x_{13} + x_{23} + x_{33} \leq 15$$
$$x_{14} + x_{24} + x_{34} \leq 35$$

Maximiere die Zielfunktion
$z = 10x_{11} + 80x_{12} + 40x_{13} + 70x_{14} + 90x_{21} + 50x_{23} + 70x_{24} + 30x_{31} + 60x_{32} + 80x_{33}$
$+10x_{34}$.

Aufgabe 3

x_i sind dabei die Binärvariablen für den Verkauf der sechs Spieler, also 0 falls der Spieler nicht verkauft wird und 1 falls der Spieler verkauft wird.

Gesucht ist das Minimum der Zielfunktion

$z = 5\,000x_1 + 3\,000x_2 + 6\,000x_3 + 4\,500x_4 + 6\,000x_5 + 5\,000x_6$

unter der Nebenbedingung $40x_1 + 10x_2 + 30x_3 + 30x_4 + 15x_5 + 20x_6 \geq 90$.

10.2 Lösungen zu Kapitel 2

Aufgabe 1

x_1 sei die Fläche für das erste Produkt.

x_2 sei die Fläche für das zweite Produkt.

$10 \leq x_1 \leq 40$

$12 \leq x_2 \leq 50$

$x_1 + x_2 \leq 70$

$10x_1 + 5x_2 \leq 500$

$z = 50x_1 + 20x_2 =$ max.

Maximum für: $x_1 = 40,\ x_2 = 20,\ z = 2\,400$.

Aufgabe 2

x_1 sei die Anzahl der hergestellten PKWs.

x_2 sei die Anzahl der hergestellten LKWs.

$2x_1 + 5x_2 \leq 180$

$3x_1 + 3x_2 \leq 135$

$z = 2\,000x_1 + 3\,000x_2 =$ max.

Maximum für: $x_1 = 15,\ x_2 = 30,\ z = 120\,000$.

Aufgabe 3

x_1 sei die Anzahl der hergestellten Mengeneinheiten von Produkt A.

x_2 sei die Anzahl der hergestellten Mengeneinheiten von Produkt B.

$2x_1 + x_2 \leq 600$

$x_1 + 2x_2 \leq 600$

$z = 100x_1 + 100x_2 =$ max.

Maximum für: $x_1 = 200,\ x_2 = 200,\ z = 40\,000$.

Aufgabe 4

x_1 sei die Abnahmemenge aus Firma A.

x_2 sei die Abnahmemenge aus Firma B.

$x_1 \geq 50$

$x_2 \geq 60$

$x_1 \leq 400$

$x_2 \leq 200$

$x_1 + x_2 \leq 500$.

a) $z = 900x_1 + 600x_2 = \max$
Maximum für: $x_1 = 400, x_2 = 100, z = 420\,000$.

b) $z = 900x_1 + 900x_2 = \max$
Maximum auf der Strecke zwischen den Punkten $x_1 = 400,\ x_2 = 100$ und $x_1 = 300$, $x_2 = 200$ mit $z = 450\,000$.

Aufgabe 5

x_1 seien die aufgenommenen € von Angebot A.

x_2 seien die aufgenommenen € von Angebot B.

$x_1 + x_2 \geq 230\,000$

$x_1 \leq 160\,000$

$0.04x_1 + 0.05x_2 \leq 10\,000$

$z = 0.03x_1 + 0.025x_2 = \min$.

Minimum für: $x_1 = 150\,000,\ x_2 = 80\,000,\ z = 6\,500$.

Aufgabe 6

x_1 seien die Anzahl der hergestellten Stühle von Version A.

x_2 seien die Anzahl der hergestellten Stühle von Version B.

$x_1 + x_2 \geq 23$

$x_1 \leq 14$

$7x_1 + 8x_2 \leq 168$

$z = 100x_1 + 120x_2 = \max$.

Maximum für: $x_1 = 8,\ x_2 = 14,\ z = 2\,480$.

10.3 Lösungen zu Kapitel 3

Aufgabe 1

1. Simplextableau:

	x1	x2	x3	
z1	5.0	3.0	4.0	100.0
z2	3.0	4.0	3.0	50.0
	-5.0	-6.0	-7.0	0.0

Punkt x1=0 x2=0 x3=0 z=0.0

2. Simplextableau:

	x1	x2	z2	
z1	1.0	-2.333	-1.333	33.333
x3	1.0	1.333	0.333	16.667
	2.0	3.333	2.333	116.667

Punkt x1=0 x2=0 x3=16.667 z=-116.667

Sensitivitätsanalyse:

$c_1^- = \infty, c_1^+ = 2$ $b_1^- = 33.333, b_1^+ = \infty$

$c_2^- = \infty, c_2^+ = 3.333$ $b_2^- = 50, b_2^+ = 25.$

$c_3^- = 2, c_3^+ = \infty$

Aufgabe 2

1. Simplextableau:

	x1	x2	x3	
z1	2.0	2.0	1.0	11.0
z2	1.0	6.0	2.0	17.0
z3	0.0	0.0	3.0	8.0
z4	3.0	2.0	0.0	12.0
	-5.0	-4.0	-7.0	0.0

Punkt x1=0 x2=0 x3=0 z=0.0

2. Simplextableau:

	x1	x2	z3	
z1	2.0	2.0	-0.333	8.333
z2	1.0	6.0	-0.667	11.667
x3	0.0	0.0	0.333	2.667
z4	3.0	2.0	0.0	12.0
	-5.0	-4.0	2.333	18.667

Punkt x1=0 x2=0 x3=2.667 z=-18.667

3. Simplextableau:

	z4	x2	z3	
z1	-0.667	0.667	-0.333	0.333
z2	-0.333	5.333	-0.667	7.667
x3	0.0	0.0	0.333	2.667
x1	0.333	0.667	0.0	4.0
	1.667	-0.667	2.333	38.667

Punkt x1=4 x2=0 x3=2.667 z=-38.667

4. Simplextableau:

	z4	z1	z3	
x2	-1.0	1.5	-0.5	0.5
z2	5.0	-8.0	2.0	5.0
x3	0.0	0.0	0.333	2.667
x1	1.0	-1.0	0.333	3.667
	1.0	1.0	2.0	39.0

Punkt x1=3.667 x2=0.5 x3=2.667 z=-39.0

Sensitivitätsanalyse:

$c_1^- = 1,\ c_1^+ = 1$ $\qquad b_1^- = 0.333, b_1^+ = 0.625$

$c_2^- = 0.667,\ c_2^+ = 1$ $\qquad b_2^- = 5, b_2^+ = \infty$

$c_3^- = 6,\ c_3^+ = \infty$ $\qquad b_3^- = 2.5, b_3^+ = 1$

$b_4^- = 1, b_4^+ = 0.5.$

Aufgabe 3

1. Simplextableau:

	x1	x2	x3	
z1	-2.0	-2.0	-1.0	-11.0
z2	1.0	6.0	2.0	17.0
z3	0.0	0.0	3.0	8.0
z4	3.0	2.0	0.0	12.0
	5.0	4.0	7.0	0.0

Punkt x1=0 x2=0 x3=0 z=0.0

2. Simplextableau:

	x1	z1	x3	
x2	1.0	-0.5	0.5	5.5
z2	-5.0	3.0	-1.0	-16.0
z3	0.0	0.0	3.0	8.0
z4	1.0	1.0	-1.0	1.0
	1.0	2.0	5.0	-22.0

Punkt x1=0 x2=5.5 x3=0 z=22.0

3. Simplextableau:

	Z2	z1	x3	
x2	0.2	0.1	0.3	2.3
x1	-0.2	-0.6	0.2	3.2
z3	0.0	0.0	3.0	8.0
z4	0.2	1.6	-1.2	-2.2
	0.2	2.6	4.8	-25.2

Punkt x1=3.2 x2=2.3 x3=0 z=25.2

4. Simplextableau:

	z2	z1	z4	
x2	0.25	0.5	0.25	1.75
x1	-0.167	-0.333	0.167	2.833
z3	0.5	4.0	2.5	2.5
x3	-0.167	-1.333	-0.833	1.833
	1.0	9.0	4.0	-34.0

Punkt x1=2.833 x2=1.75 x3=1.833 z=34.0

Sensitivitätsanalyse:

$c_1^- = 6,\ c_1^+ = 24$ $\qquad b_1^- = 1.375, b_1^+ = 0.625$

$c_2^- = \infty,\ c_2^+ = 4$ $\qquad b_2^- = 5, b_2^+ = 11$

$c_3^- = 4.8,\ c_3^+ = \infty$ $\qquad b_3^- = 2.5, b_3^+ = \infty$

$b_4^- = 1, b_4^+ = 2.2.$

Aufgabe 4

1. Simplextableau:

	x1	x2	x3	x4	x5	x6	
z1	20.0	10.0	40.0	0.0	20.0	0.0	300.0
z2	0.0	20.0	20.0	20.0	10.0	20.0	280.0
z3	10.0	0.0	0.0	40.0	0.0	20.0	400.0
	-10.0	-15.0	-10.0	-20.0	-10.0	-15.0	0.0

Punkt x1=0 x2=0 x3=0 x4=0 x5=0 x6=0 z=0.0

2. Simplextableau:

	x1	x2	x3	z3	x5	x6	
z1	20.0	10.0	40.0	0.0	20.0	0.0	300.0
z2	-5.0	20.0	20.0	-0.5	10.0	10.0	80.0
x4	0.25	0.0	0.0	0.025	0.0	0.5	10.0
	-5.0	-15.0	-10.0	0.5	-10.0	-5.0	200.0

Punkt x1=0 x2=0 x3=0 x4=10 x5=0 x6=0 z=-200.0

3. Simplextableau:

	x1	z2	x3	z3	x5	x6	
z1	22.5	-0.5	30.0	0.25	15.0	-5.0	260.0
x2	-0.25	0.05	1.0	-0.025	0.5	0.5	4.0
x4	0.25	0.0	0.0	0.025	0.0	0.5	10.0
	-8.75	0.75	5.0	0.125	-2.5	2.5	260.0

Punkt x1=0 x2=4 x3=0 x4=10 x5=0 x6=0 z=-260.0

4. Simplextableau:

	z1	z2	x3	z3	x5	x6	
x1	0.C44	-0.022	1.333	0.011	0.667	-0.222	11.556
x2	0.011	0.044	1.333	-0.022	0.667	0.444	6.889
x4	-0.011	0.006	-0.333	0.022	-0.167	0.556	7.111
	0.389	0.556	16.667	0.222	3.333	0.556	361.111

Punkt x1=11.556 x2=6.889 x3=0 x4=7.111 x5=0 x6=0 z=-361.111

Sensitivitätsanalyse:

$c_1^- = 5,\ c_1^+ = 2.5$ $b_1^- = 260, b_1^+ = 640$

$c_2^- = 1.25, c_2^+ = 10$ $b_2^- = 155, b_2^+ = 520$

$c_3^- = \infty, c_3^+ = 16.667$ $b_3^- = 320, b_3^+ = 310.$

$c_4^- = 1,\ c_4^+ = 20$

$c_5^- = \infty, c_5^+ = 3.333$

$c_6^- = \infty, c_6^+ = 0.555$

Aufgabe 5

x_1 sei die Anzahl der hergestellten Produkte A.
x_2 sei die Anzahl der hergestellten Produkte B.
x_3 sei die Anzahl der hergestellten Produkte C.
x_4 sei die Anzahl der hergestellten Produkte D.

$6x_1 + 4x_2 + 3x_3 + 5x_4 \leq 440$
$3x_1 + \ \ x_2 + 3x_3 + 2x_4 \leq 460$
$6x_1 + 5x_2 + 4x_3 + 3x_4 \leq 555$
$z = 100x_1 + 130x_2 + 100x_3 + 110x_4 = \text{max.}$

Maximumberechnung:

1. Simplextableau:

	x1	x2	x3	x4	
z1	6.0	4.0	3.0	5.0	440.0
z2	3.0	1.0	3.0	2.0	460.0
z3	6.0	5.0	4.0	3.0	555.0
	-100.0	130.0	-100.0	-110.0	0.0

Punkt x1=0 x2=0 x3=0 x4=0 z=0.0

2. Simplextableau:

	x1	z1	x3	x4	
x2	1.5	0.25	0.75	1.25	110.0
z2	1.5	-0.25	2.25	0.75	350.0
z3	-1.5	-1.25	0.25	-3.25	5.0
	95.0	32.5	-2.5	52.5	14300.0

Punkt x1=0 x2=110.0 x3=0 x4=0 z=-14300.0

```
3. Simplextableau:
              x1        z1        z3        x4
x2           6.0       4.0      -3.0      11.0           95.0
z2          15.0      11.0      -9.0      30.0          305.0
x3          -6.0      -5.0       4.0     -13.0           20.0
            80.0      20.0      10.0      20.0        14350.0
Punkt    x1=0 x2=95.0 x3=20.0 x4=0 z=-14350.0
```

Sensitivitätsanalyse:

$c_1^- = \infty, c_1^+ = 8$ $b_1^- = 23.75, b_1^+ = 4$

$c_2^- = 0.182, c_2^+ = 0.333$ $b_2^- = 305, b_2^+ = \infty$

$c_3^- = 0.25, c_3^+ = 0.154$ $b_3^- = 5, b_3^+ = 31.667.$

$c_4^- = \infty, c_4^+ = 2$

10.4 Lösungen zu Kapitel 4

Aufgabe 1

a)

		Strategien für Spieler Y	
		$j = 1$	$j = 2$
Strategien für Spieler X	$i = 1$	−1	0
	$i = 2$	[2]	[4]

Damit löst eine statische Strategie dieses Spiel: Spieler X spielt Strategie $i = 2$ und Spieler Y spielt Strategie $j = 1$.

b)

		Strategien für Spieler Y			
		$j = 1$	$j = 2$	$j = 3$	$j = 4$
Strategien für Spieler X	$i = 1$	[2]	−1	−1	[3]
	$i = 2$	1	[5]	[0]	2
	$i = 3$	0	[5]	−2	0

Damit löst eine statische Strategie dieses Spiel: Spieler X spielt Strategie $i = 2$ und Spieler Y spielt Strategie $j = 3$.

c)

		Strategien für Spieler Y			
		$j = 1$	$j = 2$	$j = 3$	$j = 4$
Strategien für Spieler X	$i = 1$	5	2	1	−5
	$i = 2$	−1	2	0	−2
	$i = 3$	0	−1	1	[4]
	$i = 4$	3	[8]	[2]	3
	$i = 5$	[6]	−2	−1	3

Damit löst eine statische Strategie dieses Spiel: Spieler X spielt Strategie $i = 4$ und Spieler Y spielt Strategie $j = 3$.

Aufgabe 2

a)

		Strategien für Spieler Y	
		$j = 1$	$j = 2$
Strategien für Spieler X	$i = 1$	−1	[1]
	$i = 2$	[2]	−1

Keine statische Strategie löst das Problem.

Anwendung des Simplex-Algorithmus liefert folgende dynamische Strategien:

Für Spieler X gilt: $p_1 = 0.6$ und $p_2 = 0.4$.

Für Spieler Y gilt: $q_1 = 0.4$ und $q_2 = 0.6$.

Für den Gewinn des Spielers X gilt: $g = 0.2$.

b)

		Strategien für Spieler Y			
		$j = 1$	$j = 2$	$j = 3$	$j = 4$
Strategien für Spieler X	$i = 1$	[3]	−4	[3]	[4]
	$i = 2$	2	[6]	2	3
	$i = 3$	1	[6]	−1	1

Keine statische Strategie löst das Problem.

Anwendung des Simplex-Algorithmus liefert folgende dynamische Strategien:

Für Spieler X gilt: $p_1 = 4/11$, $p_2 = 7/11$ und $p_3 = 0$.

Für Spieler Y gilt: $q_1 = 10/11$, $q_2 = 1/11$, $q_3 = 0$ und $q_4 = 0$.

Für den Gewinn des Spielers X gilt: $g = 26/11$.

c)

		Strategien für Spieler Y			
		$j = 1$	$j = 2$	$j = 3$	$j = 4$
Strategien für Spieler X	$i = 1$	2	[2]	−2	−5
	$i = 2$	−1	0	0	−2
	$i = 3$	0	−1	1	[4]
	$i = 4$	3	0	[2]	1
	$i = 5$	[6]	−2	−3	3

Keine statische Strategie löst das Problem.

Anwendung des Simplex-Algorithmus liefert folgende dynamische Strategien:

Für Spieler X gilt: $p_1 = 1/3, p_2 = 0, p_3 = 5/12, p_4 = 1/4$ und $p_5 = 0$.

Für Spieler Y gilt: $q_1 = 0, q_2 = 3/4, q_3 = 0$ und $q_4 = 1/4$.

Für den Gewinn des Spielers X gilt: $g = 1/4$.

Aufgabe 3

a) Die Entscheidungsmatrix lautet

		Strategien für Spieler Y		
		Stein	Schere	Papier
Strategien für Spieler X	Stein	0	[1]	−1
	Schere	−1	0	[1]
	Papier	[1]	−1	0

Damit löst keine statische Strategie das Problem.

b) Der Simplex-Algorithmus liefert:

```
1. Simplextableau:
              x1       x2       x3
z1           0.0      1.0     -1.0        -1.0
z2          -1.0      0.0      1.0        -1.0
z3           1.0     -1.0      0.0        -1.0
             1.0      1.0      1.0         0.0
Punkt   x1=0 x2=0 x3=0 z=0.0
2. Simplextableau:
              x1       x2       z1
x3           0.0     -1.0     -1.0         1.0
z2          -1.0      1.0      1.0        -2.0
z3           1.0     -1.0      0.0        -1.0
             1.0      2.0      1.0        -1.0
Punkt   x1=0 x2=0 x3=1.0 z=1.0
```

```
3. Simplextableau:
              z2        x2        z1
x3           0.0      -1.0      -1.0       1.0
x1          -1.0      -1.0      -1.0       2.0
z3           1.0       0.0       1.0      -3.0
             1.0       3.0       2.0      -3.0
Punkt    x1=2.0 x2=0 x3=1.0 z=3.0
```

Hier bricht der Algorithmus ohne Lösung ab. Der Grund hierfür ist $g = 0$.

c) Addiert man nun zu jedem Element der Entscheidungsmatrix $+1$, so liefert der Simplex-Algorithmus eine Lösung, da jetzt für das veränderte Spiel $g = 1$ gilt:
Für Spieler X gilt: $p_1 = 1/3, p_2 = 1/3$ und $p_3 = 1/3$.
Für Spieler Y gilt: $q_1 = 1/3, q_2 = 1/3$ und $q_3 = 1/3$.
Der Gewinn für Spieler X im veränderten Spiel ist $g = 1$, also ist der Gewinn im Ausgangsspiel $g = 0$.

Aufgabe 4

		Strategien für Berlin		
		$j = 1$	$j = 2$	$j = 3$
Strategien für Köln	$i = 1$	0.4	0.4	0.3
	$i = 2$	[0.7]	[0.8]	[0.6]
	$i = 3$	0.4	0.5	0.5

Damit löst eine statische Strategie dieses Spiel: Köln spielt immer Strategie $i = 2$ und Berlin spielt immer Strategie $j = 3$.

Aufgabe 5

		Strategien für Hamburg		
		$j = 1$	$j = 2$	$j = 3$
Strategien für Landshut	$i = 1$	0.4	0.4	0.3
	$i = 2$	[0.7]	[0.8]	0.6
	$i = 3$	0.4	0.5	[0.8]

Damit löst keine statische Strategie dieses Spiel.

Optimale Strategie für Landshut:

Aufstellen des ersten Simplex-Tableaus:

	x_1	x_2	x_3	
z_1	−0.4	−0.7	−0.4	−1
z_2	−0.4	−0.8	−0.5	−1
z_3	−0.3	−0.6	−0.8	−1
	1	1	1	0

Die Berechnung liefert:

```
1. Simplextableau:
           x1       x2       x3
z1        -0.4     -0.7     -0.4          -1.0
z2        -0.4     -0.8     -0.5          -1.0
z3        -0.3     -0.6     -0.8          -1.0
           1.0      1.0      1.0           0.0
Punkt   x1=0 x2=0 x3=0 z=0.0
2. Simplextableau:
           x1       z1       x3
x2         0.571   -1.429   0.571        1.429
z2         0.057   -1.143  -0.043        0.143
z3         0.043   -0.857  -0.457       -0.143
           0.429    1.429   0.429       -1.428
Punkt   x1=2.5 x2=0 x3=0 z=1.428
3. Simplextableau:
           x1       z1       z3
x2         0.625   -2.5     1.25         1.25
z2         0.053   -1.062  -0.094        0.156
x3        -0.094    1.875  -2.187        0.313
           0.469    0.625   0.938       -1.563
Punkt   x1=0 x2=1.25 x3=0.3125 z=1.5625
```

Für Landshut gilt: $p_1 = 0, p_2 = 4/5 = 0.8$ und $p_3 = 1/5 = 0.2$.

Optimale Strategie für Hamburg:

Aufstellen des ersten Simplex-Tableaus:

	y_1	y_2	y_3	
z_1	0.4	0.4	0.3	1
z_2	0.7	0.8	0.6	1
z_3	0.4	0.5	0.8	1
	−1	−1	−1	0

Die Berechnung liefert:

```
1. Simplextableau:
            x1       x2       x3
z1         0.4      0.4      0.3          1.0
z2         0.7      0.8      0.6          1.0
z3         0.4      0.5      0.8          1.0
          -1.0     -1.0     -1.0          0.0
Punkt     x1=0 x2=0 x3=0 z=0.0
2. Simplextableau:
            z2       x2       x3
z1        -0.571   -0.057   -0.043        0.429
x1         1.429    1.143    0.857        1.429
z3        -0.571    0.043    0.457        0.429
           1.429    0.143   -0.143        1.429
Punkt     x1=1.429 x2=0 x3=0 z=-1.429
3. Simplextableau:
            z2       x2       z3
z1        -0.625   -0.053    0.094        0.469
x1         2.5      1.063   -1.875        0.625
x3        -1.25     0.094    2.188        0.937
           1.25     0.156    0.313        1.563
Punkt     x1=0.625 x2=0 x3=0.9375 z=-1.5625
```

Für Hamburg gilt: $q_1 = 2/5 = 0.4$, $q_2 = 0$ und $q_3 = 3/5 = 0.6$.

10.5 Lösungen zu Kapitel 5

Aufgabe 1

a) erste zulässige Basislösung nach der NWE-Regel

	N_1	N_2	N_3	AM
A_1	10	10		20
A_2		10	20	30
NM	10	20	20	

Für den Wert der Zielfunktion gilt: $z = 360$.

b) erste zulässige Basislösung nach dem Vogelschen Approximationsverfahren

	N_1	N_2	N_3	AM
A_1	10		10	20
A_2		20	10	30
NM	10	20	20	

Für den Wert der Zielfunktion gilt: $z = 310$.

c) Iterationen Stepping-Stone-Methode oder MODI-Methode

2. Iteration: Matrix der Größen $\tilde{c}_{ij}$

	0	0	−5	
	8	0	0	

neue Basislösung

	N_1	N_2	N_3	AM
A_1	10	0	10	20
A_2	0	20	10	30
NM	10	20	20	

Für den Wert der Zielfunktion gilt: $z = 310$.

Aufgabe 2

a) erste zulässige Basislösung nach der NWE-Regel

	N_1	N_2	N_3	N_4	AM
A_1	20				20
A_2	10	30			40
A_3		10	60	20	90
NM	30	40	60	20	

Für den Wert der Zielfunktion gilt: $z = 770$.

b) erste zulässige Basislösung nach dem Vogelschen Approximationsverfahren

Startiteration:

Matrix mit den markierten Zeilen oder Spalten

	N_1	N_2	N_3	N_4	
A_1	5	8	10	2	
A_2	4	6	2	10	
A_3	6	3	5	6	

Matrix der x_{ij}

	N_1	N_2	N_3	N_4	AM
A_1	0	0	0	0	20
A_2	0	0	0	0	40
A_3	0	0	0	0	90
NM	30	40	60	20	

1. Iteration:

	N_1	N_2	N_3		
A_1	5	8	10		
A_2	4	6	2		
A_3	6	3	5		

	N_1	N_2	N_3	N_4	AM
A_1	0	0	0	20	0
A_2	0	0	0	0	40
A_3	0	0	0	0	90
NM	30	40	60	0	

2. Iteration:

	N_1	N_2	N_3		
A_1	5	8	10		
A_3	6	3	5		

	N_1	N_2	N_3	N_4	AM
A_1	0	0	0	20	0
A_2	0	0	40	0	0
A_3	0	0	0	0	90
NM	30	40	20	0	

3. Iteration:

	N_1		N_3		
A_1	5		10		
A_3	6		5		

	N_1	N_2	N_3	N_4	AM
A_1	0	0	0	20	0
A_2	0	0	40	0	0
A_3	0	40	0	0	50
NM	30	0	20	0	

4. Iteration:

	N_1				
A_1	5				
A_3	6				

	N_1	N_2	N_3	N_4	AM
A_1	0	0	0	20	0
A_2	0	0	40	0	0
A_3	0	40	20	0	30
NM	30	0	0	0	

Auffüllen und Ergebnis:

	N_1	N_2	N_3	N_4	AM
A_1	0	0	0	20	0
A_2	0	0	40	0	0
A_3	30	40	20	0	0
NM	0	0	0	0	

Für den Wert der Zielfunktion gilt: $z = 520$.

c) Iterationen Stepping-Stone-Methode oder der MODI-Methode

2. Iteration: Matrix der Größen $\tilde{c}_{ij}$

	0	1	1	−8	
	0	0	−6	1	
	5	0	0	0	

neue Basislösung

	N_1	N_2	N_3	N_4	AM
A_1				20	20
A_2	30	10			40
A_3		30	60	0	90
NM	30	40	60	20	

Für den Wert der Zielfunktion gilt: $z = 610$.

3. Iteration: Matrix der Größen $\tilde{c}_{ij}$

	8	9	9	0	
	0	0	−6	1	
	5	0	0	0	

neue Basislösung

	N_1	N_2	N_3	N_4	AM
A_1				20	20
A_2	30		10		40
A_3		40	50	0	90
NM	30	40	60	20	

Für den Wert der Zielfunktion gilt: $z = 550$.

4. Iteration: Matrix der Größen $\tilde{c}_{ij}$

	2	9	9	0	
	0	6	0	7	
	−1	0	0	0	

neue Basislösung

	N_1	N_2	N_3	N_4	AM
A_1				20	20
A_2			40		40
A_3	30	40	20	0	90
NM	30	40	60	20	

Für den Wert der Zielfunktion gilt: $z = 520$.

Aufgabe 3

a) erste zulässige Basislösung nach der NWE-Regel

	N_1	N_2	N_3	N_4	N_5	N_6	N_7	AM
A_1	300							300
A_2	200	800						1 000
A_3		0	300	300				600
A_4				300	100			400
A_5					600	200		800
A_6						200	200	400
A_7							500	500
NM	500	800	300	600	700	400	700	

Für den Wert der Zielfunktion gilt: $z = 53\,400$.

b) erste zulässige Basislösung nach dem Vogelschen Approximationsverfahren

Nach 8 Iterationen ergibt sich folgende Ausgangslösung:

	N_1	N_2	N_3	N_4	N_5	N_6	N_7	AM
A_1	0	0	0	0	0	300	0	0
A_2	0	0	200	600	100	100	0	0
A_3	0	400	0	0	200	0	0	0
A_4	0	0	0	0	400	0	0	0
A_5	0	0	100	0	0	0	700	0
A_6	0	400	0	0	0	0	0	0
A_7	500	0	0	0	0	0	0	0
NM	0	0	0	0	0	0	0	

Für den Wert der Zielfunktion gilt: $z = 39\,300$.

c) Iterationen Stepping-Stone-Methode oder MODI-Methode

2. Iteration: Matrix der Größen $\tilde{c}_{ij}$

	0	4	−2	3	5	6	6	
	0	0	2	−4	−2	6	3	
	−4	0	0	0	2	9	3	
	4	3	−4	0	0	7	5	
	−10	−6	−12	−6	0	0	−8	
	−6	−11	−8	−10	−1	0	0	
	−7	1	−4	−5	0	6	0	

neue Basislösung

	N_1	N_2	N_3	N_4	N_5	N_6	N_7	AM
A_1	300							300
A_2	200	800						1 000
A_3		0		600				600
A_4				0	400			400
A_5			300		300	200		800
A_6						200	200	400
A_7							500	500
NM	500	800	300	600	700	400	700	

Für den Wert der Zielfunktion gilt: $z = 49\,800$.

3. Iteration: Matrix der Größen $\tilde{c}_{ij}$

	0	4	10	3	5	6	6	
	0	0	14	−4	−2	6	3	
	−4	0	12	0	2	9	3	
	4	3	8	0	0	7	5	
	−10	−6	0	−6	0	0	−8	
	−6	−11	4	−10	−1	0	0	
	−7	1	8	−5	0	6	0	

neue Basislösung

	N_1	N_2	N_3	N_4	N_5	N_6	N_7	AM
A_1	300							300
A_2	200	800						1 000
A_3				600				600
A_4				0	400			400
A_5			300		300	200		800
A_6		0				200	200	400
A_7							500	500
NM	500	800	300	600	700	400	700	

Für den Wert der Zielfunktion gilt: $z = 49\,800$.

4. Iteration: Matrix der Größen $\tilde{c}_{ij}$

	0	4	−1	−8	−6	−5	−5	
	0	0	3	−15	−13	−5	−8	
	7	11	12	0	2	9	3	
	15	14	8	0	0	7	5	
	1	5	0	−6	0	0	−8	
	5	0	4	−10	−1	0	0	
	4	12	8	−5	0	6	0	

neue Basislösung

	N_1	N_2	N_3	N_4	N_5	N_6	N_7	AM
A_1	300							300
A_2	200	800		0				1 000
A_3				600				600
A_4					400			400
A_5			300		300	200		800
A_6		0				200	200	400
A_7							500	500
NM	500	800	300	600	700	400	700	

Für den Wert der Zielfunktion gilt: $z = 49800$.

5. Iteration: Matrix der Größen $\tilde{c}_{ij}$

	0	4	−1	7	−6	−5	−5	
	0	0	3	0	−13	−5	−8	
	−8	−4	−3	0	−13	−6	−12	
	15	14	8	15	0	7	5	
	1	5	0	9	0	0	−8	
	5	0	4	5	−1	0	0	
	4	12	8	10	0	6	0	

neue Basislösung

	N_1	N_2	N_3	N_4	N_5	N_6	N_7	AM
A_1	300							300
A_2	200	600		0	200			1 000
A_3				600				600
A_4					400			400
A_5			300		100	400		800
A_6		200					200	400
A_7							500	500
NM	500	800	300	600	700	400	700	

Für den Wert der Zielfunktion gilt: $z = 47200$.

6. Iteration: Matrix der Größen $\tilde{c}_{ij}$

	0	4	12	7	7	8	−5	
	0	0	16	0	0	8	−8	
	−8	−4	10	0	0	7	−12	
	2	1	8	2	0	7	−8	
	−12	−8	0	−4	0	0	−21	
	5	0	17	5	12	13	0	
	4	12	21	10	13	19	0	

neue Basislösung

	N_1	N_2	N_3	N_4	N_5	N_6	N_7	AM
A_1	300							300
A_2	200	500		0	300			1 000
A_3				600				600
A_4					400			400
A_5			300			400	100	800
A_6		300					100	400
A_7							500	500
NM	500	800	300	600	700	400	700	

Für den Wert der Zielfunktion gilt: $z = 41\,500$.

7. Iteration: Matrix der Größen $\tilde{c}_{ij}$

	0	4	−9	7	7	−13	−5	
	0	0	−5	0	0	−13	−8	
	−8	−4	−11	0	0	−14	−12	
	2	1	−13	2	0	−14	−8	
	9	13	0	17	21	0	0	
	5	0	−4	5	12	−8	0	
	4	12	0	10	13	−2	0	

neue Basislösung

	N_1	N_2	N_3	N_4	N_5	N_6	N_7	AM
A_1	300							300
A_2	200	400		100	300			1 000
A_3				500		100		600
A_4					400			400
A_5			300			300	200	800
A_6		400						400
A_7							500	500
NM	500	800	300	600	700	400	700	

Für den Wert der Zielfunktion gilt: $z = 43\,700$.

8. Iteration: Matrix der Größen $\tilde{c}_{ij}$

	0	4	5	7	7	1	9	
	0	0	9	0	0	1	6	
	−8	−4	3	0	0	0	2	
	2	1	1	2	0	0	6	
	−5	−1	0	3	7	0	0	
	5	0	10	5	12	6	14	
	−10	−2	0	−4	−1	−2	0	

neue Basislösung

	N_1	N_2	N_3	N_4	N_5	N_6	N_7	AM
A_1	300							300
A_2		400		300	300			1 000
A_3				300		300		600
A_4					400			400
A_5			300			100	400	800
A_6		400						400
A_7	200						300	500
NM	500	800	300	600	700	400	700	

Für den Wert der Zielfunktion gilt: $z = 41\,700$.

9. Iteration: Matrix der Größen $\tilde{c}_{ij}$

	0	−6	−5	−3	−3	−9	−1	
	10	0	9	0	0	1	6	
	2	−4	3	0	0	0	2	
	12	1	1	2	0	0	6	
	5	−1	0	3	7	0	0	
	15	0	10	5	12	6	14	
	0	−2	0	−4	−1	−2	0	

neue Basislösung

	N_1	N_2	N_3	N_4	N_5	N_6	N_7	AM
A_1	200					100		300
A_2		400		300	300			1 000
A_3				300		300		600
A_4					400			400
A_5			300				500	800
A_6		400						400
A_7	300						200	500
NM	500	800	300	600	700	400	700	

Für den Wert der Zielfunktion gilt: $z = 40\,800$.

10. Iteration: Matrix der Größen $\tilde{c}_{ij}$

	0	3	−5	6	6	0	−1	
	1	0	0	0	0	1	−3	
	−7	−4	−6	0	0	0	−7	
	3	1	−8	2	0	0	−3	
	5	8	0	12	16	9	0	
	6	0	1	5	12	6	5	
	0	7	0	5	8	7	0	

neue Basislösung

	N_1	N_2	N_3	N_4	N_5	N_6	N_7	AM
A_1						300		300
A_2		400		100	500			1 000
A_3				500		100		600
A_4			200		200			400
A_5			100				700	800
A_6		400						400
A_7	500						0	500
NM	500	800	300	600	700	400	700	

Für den Wert der Zielfunktion gilt: $z = 39\,200$.

11. Iteration: Matrix der Größen $\tilde{c}_{ij}$

	8	3	3	6	6	0	7	
	9	0	8	0	0	1	5	
	1	−4	2	0	0	0	1	
	11	1	0	2	0	0	5	
	5	0	0	4	8	1	0	
	14	0	9	5	12	6	13	
	0	−1	0	−3	0	−1	0	

neue Basislösung

	N_1	N_2	N_3	N_4	N_5	N_6	N_7	AM
A_1						300		300
A_2				500	500			1 000
A_3		400		100		100		600
A_4			200		200			400
A_5			100				700	800
A_6		400						400
A_7	500						0	500
NM	500	800	300	600	700	400	700	

Für den Wert der Zielfunktion gilt: $z = 37\,600$.

12. Iteration: Matrix der Größen $\tilde{c}_{ij}$

	8	7	3	6	6	0	7	
	9	4	8	0	0	1	5	
	1	0	2	0	0	0	1	
	11	5	0	2	0	0	5	
	5	4	0	4	8	1	0	
	10	0	5	1	8	2	9	
	0	3	0	−3	0	−1	0	

neue Basislösung

	N_1	N_2	N_3	N_4	N_5	N_6	N_7	AM
A_1						300		300
A_2				500	500			1 000
A_3		400		100		100		600
A_4			200		200			400
A_5			100				700	800
A_6		400						400
A_7	500			0				500
NM	500	800	300	600	700	400	700	

Für den Wert der Zielfunktion gilt: $z = 37\,600$.

13. Iteration: Matrix der Größen $\tilde{c}_{ij}$

	5	7	3	6	6	0	7	
	6	4	8	0	0	1	5	
	−2	0	2	0	0	0	1	
	8	5	0	2	0	0	5	
	2	4	0	4	8	1	0	
	7	0	5	1	8	2	9	
	0	6	3	0	3	2	3	

neue Basislösung

	N_1	N_2	N_3	N_4	N_5	N_6	N_7	AM
A_1						300		300
A_2				500	500			1 000
A_3	100	400				100		600
A_4			200		200			400
A_5			100				700	800
A_6		400						400
A_7	400			100				500
NM	500	800	300	600	700	400	700	

Für den Wert der Zielfunktion gilt: $z = 37\,400$.

14. Iteration: Matrix der Größen $\tilde{c}_{ij}$

	7	7	5	8	8	0	9	
	6	2	8	0	0	−1	5	
	0	0	4	2	2	0	3	
	8	3	0	2	0	−2	5	
	2	2	0	4	8	−1	0	
	9	0	7	3	10	2	11	
	0	4	3	0	3	0	3	

neue Basislösung

	N_1	N_2	N_3	N_4	N_5	N_6	N_7	AM
A_1						300		300
A_2				400	600			1 000
A_3	200	400						600
A_4			200		100	100		400
A_5			100				700	800
A_6		400						400
A_7	300			200				500
NM	500	800	300	600	700	400	700	

Für den Wert der Zielfunktion gilt: $z = 37\,200$.

10.6 Lösungen zu Kapitel 6

Aufgabe 1

Branch-and-Bound-Verfahren:

Eine Anfangslösung ist $P(5,0)$mit $\underline{z} = 35\,000$.

Problem A_0:
Der Simplex-Algorithmus für das Problem $\tilde{A}_0$ führt auf die Lösung $P_0(55/16, 57/16)$ mit $\bar{z}_0 = 102\,437.5$. Also wird A_0 verzweigt in A_1 und A_2 durch $x_1 \leq 3$ bzw. $x_1 \geq 4$.

Problem A_1:
Der Simplex-Algorithmus für das Problem $\tilde{A}_1$ führt auf die Lösung $P_1(3, 3.65)$ mit $\bar{z}_1 = 101\,300$. Diese ist nicht zulässig für A_1.

Problem A_2:
Der Simplex-Algorithmus für das Problem $\tilde{A}_2$ führt auf die Lösung $P_2(4,3)$ mit $\bar{z}_2 = 94\,000$. Diese Lösung ist zulässig und es gilt $\underline{z} = 94\,000$.

Nach dieser Verzweigung ist A_2 endgültig bewertet. Deshalb wird A_1 verzweigt in A_3 und A_4 durch $x_2 \leq 3$ bzw. $x_2 \geq 4$.

Problem A_3:
Der Simplex-Algorithmus für das Problem $\tilde{A}_3$ führt auf die Lösung $P_3(3,3)$ mit $\bar{z}_3 = 87\,000$. Diese Lösung ist zwar zulässig, aber schlechter als diejenige von A_2. Damit ist A_3 endgültig bewertet.

Problem A_4:
Der Simplex-Algorithmus für das Problem $\tilde{A}_4$ führt auf die Lösung $P_4(1,4)$ mit $\bar{z}_4 = 95\,000$. Diese Lösung ist zulässig und es gilt $\underline{z} = 95\,000$.

Nach dieser Verzweigung sind alle Enden des Baums endgültig bewertet und die optimale Lösung ist $P_4(1,4)$ mit $z = 95\,000$.

Abschließend wird der ganze Baum angegeben:

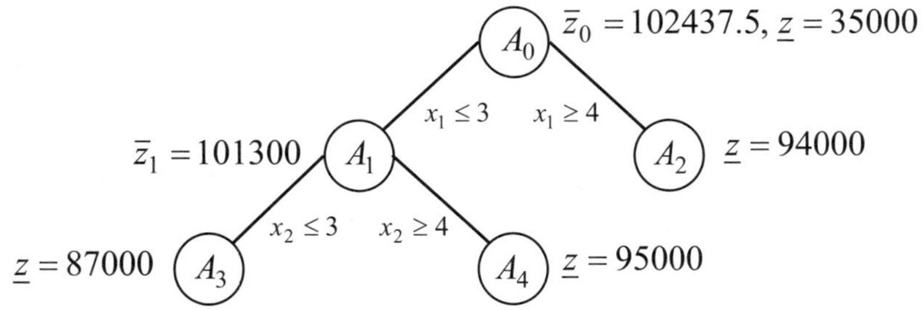

Aufgabe 2

Branch-and-Bound-Verfahren:

Eine Anfangslösung ist $P(0,0,0)$mit $\underline{z} = 0$.

Problem A_0:
Der Simplex-Algorithmus für das Problem $\tilde{A}_0$ führt auf die Lösung $P_0(11/3\,,1/2\,,8/3)$ mit $\bar{z}_0 = 39$. Also wird A_0 verzweigt in A_1 und A_2 durch $x_1 \leq 3$ bzw. $x_1 \geq 4$.

Problem A_1:
Der Simplex-Algorithmus für das Problem $\tilde{A}_1$ führt auf die Lösung $P_1(3,7/6\,,8/3)$ mit $\bar{z}_1 = 38.33$. Diese ist nicht zulässig für A_1.

Problem A_2:
Der Simplex-Algorithmus für das Problem $\tilde{A}_2$ führt auf die Lösung $P_2(4,0,8/3)$ mit $\bar{z}_2 = 38.67$. Diese ist nicht zulässig für A_2.

Nach dieser Verzweigung verbleiben die Teilprobleme A_1 und A_2. Da A_2 die größere obere Schranke besitzt, wird A_2 verzweigt in A_3 und A_4 durch $x_3 \leq 2$ bzw. $x_3 \geq 3$. Das Teilproblem A_1 bleibt noch erhalten.

Problem A_3:
Der Simplex-Algorithmus für das Problem $\tilde{A}_3$ führt auf die Lösung $P_3(4,0,2)$ mit $\bar{z}_3 = 34$. Diese Lösung ist zulässig und es gilt $\underline{z} = 34$.

Problem A_4:
Der Simplex-Algorithmus für das Problem $\tilde{A}_4$ liefert keine Lösung. Damit ist A_4 endgültig bewertet.

Nach dieser Verzweigung verbleibt nur noch das Teilproblem A_1. A_1 wird verzweigt in A_5 und A_6 durch $x_3 \leq 2$ bzw. $x_3 \geq 3$.

Problem A_5:
Der Simplex-Algorithmus für das Problem $\tilde{A}_5$ führt auf die Lösung $P_5(3,3/2,2)$ mit $\bar{z}_5 = 35$. Diese ist nicht zulässig für A_5.

Problem A_6:
Der Simplex-Algorithmus für das Problem $\tilde{A}_6$ liefert keine Lösung. Damit ist A_6 endgültig bewertet.

Nach dieser Verzweigung verbleibt nur noch das Teilproblem A_5. A_5 wird verzweigt in A_7 und A_8 durch $x_2 \leq 1$ bzw. $x_2 \geq 2$.

Problem A_7:
Der Simplex-Algorithmus für das Problem $\tilde{A}_7$ führt auf die Lösung $P_7(3,1,2)$ mit $\bar{z}_7 = 33$. Diese Lösung ist aber auch nicht besser als diejenige von A_3. Damit ist A_7 endgültig bewertet.

Problem A_8:

Der Simplex-Algorithmus für das Problem $\tilde{A}_8$ führt auf die Lösung $P_8(8/3,2,7/6)$ mit $\bar{z}_8 = 29.5$. Die Lösung ist weder zulässig noch besser als diejenige von A_3. Damit ist A_8 endgültig bewertet.

Nach dieser Verzweigung sind alle Enden des Baums endgültig bewertet und die optimale Lösung ist $P_3(4,0,2)$ mit $z = 34$.

Abschließend wird der ganze Baum angegeben:

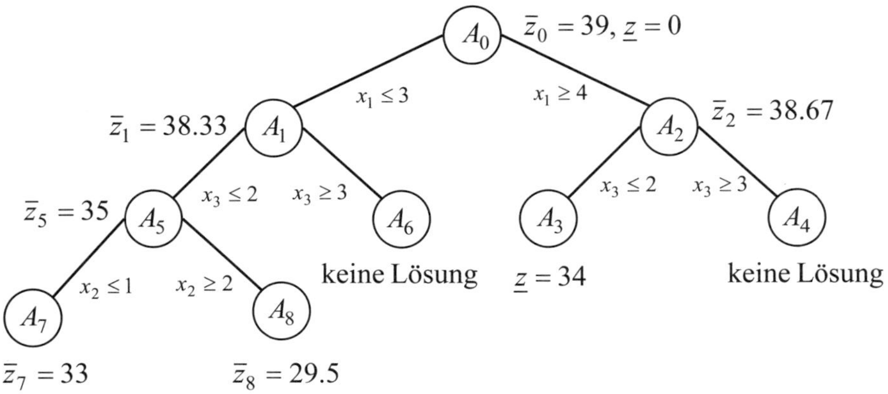

Aufgabe 3

Es handelt sich um das Rucksackproblem.

Sind $x_i \in \{0, 1\}$ die Binärvariablen für die acht Gegenstände, so gilt:

Maximiere $z = 4x_1 + 6x_2 + 3x_3 + 7x_4 + 5x_5 + 4x_6 + 2x_7 + 8x_8$

unter der Nebenbedingung

$x_1 + 2x_2 + 1.75x_3 + 2.5x_4 + 1.25x_5 + 2.25x_6 + 1.25x_7 + 1.75x_8 \leq 10.$

Die Lösung erfolgt mit einem Branch-and-Bound-Verfahren.

Für die relativen Nutzen c_i/g_i gilt:

$\frac{c_1}{g_1} = 4, \frac{c_2}{g_2} = 3, \frac{c_3}{g_3} = 1.71, \frac{c_4}{g_4} = 2.8, \frac{c_5}{g_5} = 4, \frac{c_6}{g_6} = 1.78, \frac{c_7}{g_7} = 1.6$ und $\frac{c_8}{g_8} = 4.57.$

Damit ist die Reihenfolge der Gegenstände nach fallendem Nutzen: 8, 1, 5, 2, 4, 6, 3, 7.

Eine Anfangslösung ist $P(1, 1, 1, 1, 1, 0, 1, 0)$ mit $\underline{z} = 27.$

Problem A_0:

Das Problem $\tilde{A}_0$ hat die Lösung $P_0(1, 1, 0, 1, 1, 2/3, 0, 1)$ mit $\bar{z}_0 = 32.67$. Also wird A_0 verzweigt in A_1 und A_2 durch $x_8 = 0$ bzw. $x_8 = 1$.

Problem A_1:

Das Problem $\tilde{A}_1$ hat die Lösung $P_1(1, 1, 4/7, 1, 1, 1, 0, 0)$ mit $\bar{z}_1 = 27.71$. Diese ist nicht zulässig für A_1.

Problem A_2:

Das Problem $\tilde{A}_2$ hat die Lösung $P_2(1, 1, 0, 1, 1, 2/3, 0, 1)$ mit $\bar{z}_2 = 32.67$. Diese ist nicht zulässig für A_2.

Nach dieser Verzweigung verbleiben die Teilprobleme A_1 und A_2. Da A_2 die größere obere Schranke besitzt, wird A_2 verzweigt in A_3 und A_4 durch $x_1 = 0$ bzw. $x_1 = 1$. Das Teilproblem A_1 bleibt noch erhalten.

Problem A_3:

Das Problem $\tilde{A}_3$ hat die Lösung $P_3(0, 1, 1/7, 1, 1, 1, 0, 1)$ mit $\bar{z}_3 = 30.43$. Diese ist nicht zulässig für A_3.

Problem A_4:
Das Problem $\tilde{A}_4$ hat die Lösung $P_4(1,1,0,1,1,2/3,0,1)$ mit $\bar{z}_4 = 32.67$. Diese ist nicht zulässig für A_4.

Nach dieser Verzweigung verbleiben die Teilprobleme A_1, A_3 und A_4. Da A_4 die größte obere Schranke besitzt, wird A_4 verzweigt in A_5 und A_6 durch $x_5 = 0$ bzw. $x_5 = 1$. Die Teilprobleme A_1 und A_3 bleiben noch erhalten.

Problem A_5:
Das Problem $\tilde{A}_5$ hat die Lösung $P_5(1,1,2/7,1,0,1,0,1)$ mit $\bar{z}_5 = 29.68$. Diese ist nicht zulässig für A_5.

Problem A_6:
Das Problem $\tilde{A}_6$ hat die Lösung $P_6(1,1,0,1,1,2/3,0,1)$ mit $\bar{z}_6 = 32.67$. Diese ist nicht zulässig für A_6.

Nach dieser Verzweigung verbleiben die Teilprobleme A_1, A_3, A_5 und A_6. Da A_6 die größte obere Schranke besitzt, wird A_6 verzweigt in A_7 und A_8 durch $x_2 = 0$ bzw. $x_2 = 1$. Die Teilprobleme A_1, A_3 und A_5 bleiben noch erhalten.

Problem A_7:
Das Problem $\tilde{A}_7$ hat die Lösung $P_7(1,0,5/7,1,1,1,0,1)$ mit $\bar{z}_7 = 30.14$. Diese ist nicht zulässig für A_7.

Problem A_8:
Das Problem $\tilde{A}_8$ hat die Lösung $P_8(1,1,0,1,1,2/3,0,1)$ mit $\bar{z}_6 = 32.67$. Diese ist nicht zulässig für A_8.

Nach dieser Verzweigung verbleiben die Teilprobleme A_1, A_3, A_5, A_7 und A_8. Da A_8 die größte obere Schranke besitzt, wird A_8 verzweigt in A_9 und A_{10} durch $x_4 = 0$ bzw. $x_4 = 1$. Die Teilprobleme A_1, A_3, A_5 und A_7 bleiben noch erhalten.

Problem A_9:
Das Problem $\tilde{A}_9$ hat die Lösung $P_9(1,1,1,0,1,1,0,1)$ mit $\bar{z}_9 = 28$. Diese Lösung ist zulässig und es gilt $\underline{z} = 28$.

Problem A_{10}:
Das Problem $\tilde{A}_{10}$ hat die Lösung $P_{10}(1,1,0,1,1,2/3,0,1)$ mit $\bar{z}_{10} = 32.67$. Diese ist nicht zulässig für A_{10}.

Nach dieser Verzweigung verbleiben die Teilprobleme A_3, A_5, A_7 und A_{10}. Teilproblem A_1 ist durch die Lösung von A_9 endgültig bewertet. Da A_{10} die größte obere Schranke besitzt, wird A_{10} verzweigt in A_{11} und A_{12} durch $x_6 = 0$ bzw. $x_6 = 1$. Die Teilprobleme A_3, A_5 und A_7 bleiben noch erhalten.

Problem A_{11}:
Das Problem $\tilde{A}_{11}$ hat die Lösung $P_{11}(1,1,6/7,1,1,0,0,1)$ mit $\bar{z}_{11} = 32.57$. Diese ist nicht zulässig für A_{11}.

Problem A_{12}:
Der Simplex-Algorithmus für das Problem $\tilde{A}_{12}$ liefert keine Lösung. Damit ist A_{12} endgültig bewertet.

Nach dieser Verzweigung verbleiben die Teilprobleme A_3, A_5, A_7 und A_{11}. Da A_{11} die größte obere Schranke besitzt, wird A_{11} verzweigt in A_{13} und A_{14} durch $x_3 = 0$ bzw. $x_3 = 1$. Die Teilprobleme A_3, A_5 und A_7 bleiben noch erhalten.

Problem A_{13}:
Das Problem $\tilde{A}_{13}$ hat die Lösung $P_{13}(1,1,0,1,1,0,1,1)$ mit $\bar{z}_{13} = 32$. Diese Lösung ist zulässig und es gilt $\underline{z} = 32$.

Problem A_{14}:
Der Simplex-Algorithmus für das Problem $\tilde{A}_{14}$ liefert keine Lösung. Damit ist A_{14} endgültig bewertet.

Nach dieser Verzweigung verbleiben die Teilprobleme A_3, A_5 und A_7. Diese sind aber durch die Lösung von A_{13} endgültig bewertet.

Damit sind alle Enden des Baums endgültig bewertet und die optimale Lösung ist $P_{13}(1,1,0,1,1,0,1,1)$ mit $z = 32$.

Das Aufzeichnen des gesamten Baums wird dem interessierten Leser überlassen.

10.7 Lösungen zu Kapitel 7

Aufgabe 1

a)

Startiteration:

i	1	2	3	4
$d(i)$	0	∞	∞	∞
$Vorg(i)$	-	-	-	-

1. Iteration: $M = \{1\}$

i	1	2	3	4
$d(i)$	0	15	40	60
$Vorg(i)$	-	1	1	1

2. Iteration: $M = \{2,3,4\}$

i	1	2	3	4
$d(i)$	0	15	25	26
$Vorg(i)$	-	1	2	2

3. Iteration: $M = \{3,4\}$

i	1	2	3	4
$d(i)$	0	15	25	26
$Vorg(i)$	-	1	2	2

4. Iteration: $M = \{4\}$

i	1	2	3	4
$d(i)$	0	15	25	26
$Vorg(i)$	-	1	2	2

Die kürzesten Wege sind:

von 1 nach 2: $1 \to 2$ mit der Länge 15

von 1 nach 3: $1 \to 2 \to 3$ mit der Länge 25

von 1 nach 4: $1 \to 2 \to 4$ mit der Länge 26.

b)

Startiteration:

i	1	2	3	4
$d(i)$	0	∞	∞	∞
$Vorg(i)$	-	-	-	-

1. Iteration: $S = \langle 1]$

i	1	2	3	4
$d(i)$	0	15	40	60
$Vorg(i)$	-	1	1	1

2. Iteration: $S = \langle 2, 3, 4]$

i	1	2	3	4
$d(i)$	0	15	25	26
$Vorg(i)$	-	1	2	2

3. Iteration: $S = \langle 3, 4]$

i	1	2	3	4
$d(i)$	0	15	25	26
$Vorg(i)$	-	1	2	2

4. Iteration: $S = \langle 4]$

i	1	2	3	4
$d(i)$	0	15	25	26
$Vorg(i)$	-	1	2	2

c)

Initialisierungen:

$$D(i,j) = \begin{pmatrix} 0 & 15 & 40 & 60 \\ 22 & 0 & 10 & 11 \\ 35 & 18 & 0 & 12 \\ 55 & 8 & 10 & 0 \end{pmatrix} \text{ und } Vorg(i,j) = \begin{pmatrix} 1 & 1 & 1 & 1 \\ 2 & 2 & 2 & 2 \\ 3 & 3 & 3 & 3 \\ 4 & 4 & 4 & 4 \end{pmatrix}$$

Schleife 1: $j = 1$

$$D(i,j) = \begin{pmatrix} 0 & 15 & 40 & 60 \\ 22 & 0 & 10 & 11 \\ 35 & 18 & 0 & 12 \\ 55 & 8 & 10 & 0 \end{pmatrix} \text{ und } Vorg(i,j) = \begin{pmatrix} 1 & 1 & 1 & 1 \\ 2 & 2 & 2 & 2 \\ 3 & 3 & 3 & 3 \\ 4 & 4 & 4 & 4 \end{pmatrix}$$

Schleife 2: $j = 2$

$$D(i,j) = \begin{pmatrix} 0 & 15 & 25 & 26 \\ 22 & 0 & 10 & 11 \\ 35 & 18 & 0 & 12 \\ 30 & 8 & 10 & 0 \end{pmatrix} \text{ und } Vorg(i,j) = \begin{pmatrix} 1 & 1 & 2 & 2 \\ 2 & 2 & 2 & 2 \\ 3 & 3 & 3 & 3 \\ 2 & 4 & 4 & 4 \end{pmatrix}$$

Schleife 3: $j = 3$

$$D(i,j) = \begin{pmatrix} 0 & 15 & 25 & 26 \\ 22 & 0 & 10 & 11 \\ 35 & 18 & 0 & 12 \\ 30 & 8 & 10 & 0 \end{pmatrix} \text{ und } Vorg(i,j) = \begin{pmatrix} 1 & 1 & 2 & 2 \\ 2 & 2 & 2 & 2 \\ 3 & 3 & 3 & 3 \\ 2 & 4 & 4 & 4 \end{pmatrix}$$

Schleife 4: $j = 4$

$$D(i,j) = \begin{pmatrix} 0 & 15 & 25 & 26 \\ 22 & 0 & 10 & 11 \\ 35 & 18 & 0 & 12 \\ 30 & 8 & 10 & 0 \end{pmatrix} \text{ und } Vorg(i,j) = \begin{pmatrix} 1 & 1 & 2 & 2 \\ 2 & 2 & 2 & 2 \\ 3 & 3 & 3 & 3 \\ 2 & 4 & 4 & 4 \end{pmatrix}.$$

Aufgabe 2

a)

Startiteration:

i	1	2	3	4	5	6
$d(i)$	0	∞	∞	∞	∞	∞
$Vorg(i)$	-	-	-	-	-	-

1. Iteration: $M = \{1\}$

i	1	2	3	4	5	6
$d(i)$	0	∞	60	130	300	200
$Vorg(i)$	-	-	1	1	1	1

2. Iteration: $M = \{3, 4, 5, 6\}$

i	1	2	3	4	5	6
$d(i)$	0	100	60	120	300	200
$Vorg(i)$	-	3	1	3	1	1

3. Iteration: $M = \{2, 4, 5, 6\}$

i	1	2	3	4	5	6
$d(i)$	0	100	60	110	300	200
$Vorg(i)$	-	3	1	2	1	1

4. Iteration: $M = \{4, 5, 6\}$

i	1	2	3	4	5	6
$d(i)$	0	100	60	110	300	150
$Vorg(i)$	-	3	1	2	1	4

5. Iteration: $M = \{5, 6\}$

i	1	2	3	4	5	6
$d(i)$	0	100	60	110	200	150
$Vorg(i)$	-	3	1	2	6	4

6. Iteration: $M = \{5\}$

i	1	2	3	4	5	6
$d(i)$	0	100	60	110	200	150
$Vorg(i)$	-	3	1	2	6	4

Die kürzesten Wege sind:

von 1 nach 2: $1 \to 3 \to 2$ mit der Länge 100
von 1 nach 3: $1 \to 3$ mit der Länge 60
von 1 nach 4: $1 \to 3 \to 2 \to 4$ mit der Länge 110
von 1 nach 5: $1 \to 3 \to 2 \to 4 \to 6 \to 5$ mit der Länge 200
von 1 nach 6: $1 \to 3 \to 2 \to 4 \to 6$ mit der Länge 150.

b)

Startiteration:

i	1	2	3	4	5	6
$d(i)$	0	∞	∞	∞	∞	∞
$Vorg(i)$	-	-	-	-	-	-

1. Iteration: $S = \langle 1]$

i	1	2	3	4	5	6
$d(i)$	0	∞	60	130	300	200
$Vorg(i)$	-	-	1	1	1	1

2. Iteration: $S = \langle 3, 4, 5, 6]$

i	1	2	3	4	5	6
$d(i)$	0	100	60	120	300	200
$Vorg(i)$	-	3	1	3	1	1

3. Iteration: $S = \langle 4, 5, 6, 2]$

i	1	2	3	4	5	6
$d(i)$	0	100	60	120	300	160
$Vorg(i)$	-	3	1	3	1	4

4. Iteration: $S = \langle 5, 6, 2]$

i	1	2	3	4	5	6
$d(i)$	0	100	60	120	300	160
$Vorg(i)$	-	3	1	3	1	4

5. Iteration: $S = \langle 6, 2]$

i	1	2	3	4	5	6
$d(i)$	0	100	60	120	210	160
$Vorg(i)$	-	3	1	3	6	4

6. Iteration: $S = \langle 2]$

i	1	2	3	4	5	6
$d(i)$	0	100	60	110	210	160
$Vorg(i)$	-	3	1	2	6	4

7. Iteration: $S = \langle 4]$

i	1	2	3	4	5	6
$d(i)$	0	100	60	110	210	150
$Vorg(i)$	-	3	1	2	6	4

8. Iteration: $S = \langle 6]$

i	1	2	3	4	5	6
$d(i)$	0	100	60	110	200	150
$Vorg(i)$	-	3	1	2	6	4

9. Iteration: $S = \langle 5]$

i	1	2	3	4	5	6
$d(i)$	0	100	60	110	200	150
$Vorg(i)$	-	3	1	2	6	4

c)

Initialisierungen:

$$D(i,j) = \begin{pmatrix} 0 & \infty & 60 & 130 & 300 & 200 \\ \infty & 0 & \infty & 10 & \infty & \infty \\ 40 & 40 & 0 & 60 & \infty & \infty \\ \infty & 20 & 50 & 0 & \infty & 40 \\ \infty & \infty & \infty & \infty & 0 & 70 \\ \infty & \infty & \infty & 50 & 50 & 0 \end{pmatrix} \text{ und } Vorg(i,j) = \begin{pmatrix} 1 & 0 & 1 & 1 & 1 & 1 \\ 0 & 2 & 0 & 2 & 0 & 0 \\ 3 & 3 & 3 & 3 & 1 & 1 \\ 0 & 4 & 4 & 4 & 0 & 4 \\ 0 & 0 & 0 & 0 & 5 & 5 \\ 0 & 0 & 0 & 6 & 6 & 6 \end{pmatrix}$$

Schleife 1: $j = 1$

$$D(i,j) = \begin{pmatrix} 0 & \infty & 60 & 130 & 300 & 200 \\ \infty & 0 & \infty & 10 & \infty & \infty \\ 40 & 40 & 0 & 60 & 340 & 240 \\ \infty & 20 & 50 & 0 & \infty & 40 \\ \infty & \infty & \infty & \infty & 0 & 70 \\ \infty & \infty & \infty & 50 & 50 & 0 \end{pmatrix} \text{ und } Vorg(i,j) = \begin{pmatrix} 1 & 0 & 1 & 1 & 1 & 1 \\ 0 & 2 & 0 & 2 & 0 & 0 \\ 3 & 3 & 3 & 3 & 1 & 1 \\ 0 & 4 & 4 & 4 & 0 & 4 \\ 0 & 0 & 0 & 0 & 5 & 5 \\ 0 & 0 & 0 & 6 & 6 & 6 \end{pmatrix}$$

Schleife 2: $j = 2$

$$D(i,j) = \begin{pmatrix} 0 & \infty & 60 & 130 & 300 & 200 \\ \infty & 0 & \infty & 10 & \infty & \infty \\ 40 & 40 & 0 & 50 & 340 & 240 \\ \infty & 20 & 50 & 0 & \infty & 40 \\ \infty & \infty & \infty & \infty & 0 & 70 \\ \infty & \infty & \infty & 50 & 50 & 0 \end{pmatrix} \text{ und } Vorg(i,j) = \begin{pmatrix} 1 & 0 & 1 & 1 & 1 & 1 \\ 0 & 2 & 0 & 2 & 0 & 0 \\ 3 & 3 & 3 & 2 & 1 & 1 \\ 0 & 4 & 4 & 4 & 0 & 4 \\ 0 & 0 & 0 & 0 & 5 & 5 \\ 0 & 0 & 0 & 6 & 6 & 6 \end{pmatrix}$$

Schleife 3: $j = 3$

$$D(i,j) = \begin{pmatrix} 0 & 100 & 60 & 110 & 300 & 200 \\ \infty & 0 & \infty & 10 & \infty & \infty \\ 40 & 40 & 0 & 50 & 340 & 240 \\ 90 & 20 & 50 & 0 & 390 & 40 \\ \infty & \infty & \infty & \infty & 0 & 70 \\ \infty & \infty & \infty & 50 & 50 & 0 \end{pmatrix} \text{ und } Vorg(i,j) = \begin{pmatrix} 1 & 3 & 1 & 2 & 1 & 1 \\ 0 & 2 & 0 & 2 & 0 & 0 \\ 3 & 3 & 3 & 2 & 1 & 1 \\ 3 & 4 & 4 & 4 & 1 & 4 \\ 0 & 0 & 0 & 0 & 5 & 5 \\ 0 & 0 & 0 & 6 & 6 & 6 \end{pmatrix}$$

Schleife 4: $j = 4$

$$D(i,j) = \begin{pmatrix} 0 & 100 & 60 & 110 & 300 & 150 \\ 100 & 0 & 60 & 10 & 400 & 50 \\ 40 & 40 & 0 & 50 & 340 & 90 \\ 90 & 20 & 50 & 0 & 390 & 40 \\ \infty & \infty & \infty & \infty & 0 & 70 \\ 140 & 70 & 100 & 50 & 50 & 0 \end{pmatrix} \text{ und } Vorg(i,j) = \begin{pmatrix} 1 & 3 & 1 & 2 & 1 & 4 \\ 3 & 2 & 4 & 2 & 1 & 4 \\ 3 & 3 & 3 & 2 & 1 & 4 \\ 3 & 4 & 4 & 4 & 1 & 4 \\ 0 & 0 & 0 & 0 & 5 & 5 \\ 3 & 4 & 4 & 6 & 6 & 6 \end{pmatrix}$$

Schleife 5: $j = 5$

$$D(i,j) = \begin{pmatrix} 0 & 100 & 60 & 110 & 300 & 150 \\ 100 & 0 & 60 & 10 & 400 & 50 \\ 40 & 40 & 0 & 50 & 340 & 90 \\ 90 & 20 & 50 & 0 & 390 & 40 \\ \infty & \infty & \infty & \infty & 0 & 70 \\ 140 & 70 & 100 & 50 & 50 & 0 \end{pmatrix} \text{ und } Vorg(i,j) = \begin{pmatrix} 1 & 3 & 1 & 2 & 1 & 4 \\ 3 & 2 & 4 & 2 & 1 & 4 \\ 3 & 3 & 3 & 2 & 1 & 4 \\ 3 & 4 & 4 & 4 & 1 & 4 \\ 0 & 0 & 0 & 0 & 5 & 5 \\ 3 & 4 & 4 & 6 & 6 & 6 \end{pmatrix}$$

Schleife 6: $j = 6$

$$D(i,j) = \begin{pmatrix} 0 & 100 & 60 & 110 & 200 & 150 \\ 100 & 0 & 60 & 10 & 100 & 50 \\ 40 & 40 & 0 & 50 & 140 & 90 \\ 90 & 20 & 50 & 0 & 90 & 40 \\ 210 & 140 & 170 & 120 & 0 & 70 \\ 140 & 70 & 100 & 50 & 50 & 0 \end{pmatrix} \text{ und } Vorg(i,j) = \begin{pmatrix} 1 & 3 & 1 & 2 & 6 & 4 \\ 3 & 2 & 4 & 2 & 6 & 4 \\ 3 & 3 & 3 & 2 & 6 & 4 \\ 3 & 4 & 4 & 4 & 6 & 4 \\ 3 & 4 & 4 & 6 & 5 & 5 \\ 3 & 4 & 4 & 6 & 6 & 6 \end{pmatrix}.$$

Aufgabe 3

a) Nach 8 Iterationen ergibt sich folgende Tabelle:

i	1	2	3	4	5	6	7	8
$d(i)$	0	80	40	10	65	30	60	85
$Vorg(i)$	-	5	4	1	7	4	6	7

Die kürzesten Wege sind:

von 1 nach 2: $1 \to 4 \to 6 \to 7 \to 5 \to 2$ mit der Länge 80
von 1 nach 3: $1 \to 4 \to 3$ mit der Länge 40
von 1 nach 4: $1 \to 4$ mit der Länge 10
von 1 nach 5: $1 \to 4 \to 6 \to 7 \to 5$ mit der Länge 65
von 1 nach 6: $1 \to 4 \to 6$ mit der Länge 30
von 1 nach 7: $1 \to 4 \to 6 \to 7$ mit der Länge 60
von 1 nach 8: $1 \to 4 \to 6 \to 7 \to 8$ mit der Länge 85.

b) Nach 12 Iterationen ergibt sich die Tabelle aus Aufgabenteil a).

c) Nach 8 Schleifen folgt

$$D(i,j) = \begin{pmatrix} 0 & 80 & 40 & 10 & 65 & 30 & 60 & 85 \\ \infty & 0 & \infty & \infty & 20 & \infty & 30 & 55 \\ \infty & 40 & 0 & \infty & 25 & 30 & 20 & 45 \\ \infty & 70 & 30 & 0 & 55 & 20 & 50 & 75 \\ \infty & 15 & \infty & \infty & 0 & \infty & 10 & 35 \\ \infty & 50 & \infty & \infty & 35 & 0 & 30 & 55 \\ \infty & 20 & \infty & \infty & 5 & \infty & 0 & 25 \\ \infty & \infty & \infty & \infty & \infty & \infty & \infty & 0 \end{pmatrix} \text{ und } Vorg(i,j) = \begin{pmatrix} 1 & 5 & 4 & 1 & 7 & 4 & 3 & 7 \\ 0 & 2 & 0 & 0 & 2 & 0 & 5 & 7 \\ 0 & 5 & 3 & 0 & 7 & 3 & 3 & 7 \\ 0 & 5 & 4 & 4 & 7 & 4 & 3 & 7 \\ 0 & 5 & 0 & 0 & 5 & 0 & 5 & 7 \\ 0 & 5 & 0 & 0 & 7 & 6 & 6 & 7 \\ 0 & 5 & 0 & 0 & 7 & 0 & 7 & 7 \\ 0 & 0 & 0 & 0 & 0 & 0 & 0 & 8 \end{pmatrix}.$$

Aufgabe 4

Nach 15 Iterationen ergibt sich folgende Tabelle:

i	A	B	C	D	E	F	G	H	I	J	K	L	M	N	P
$d(i)$	0	8	6	4	7	8	9	13	12	11	13	15	14	13	15
$Vorg(i)$	-	C	A	A	D	D	D	G	F	F	G	G	J	J	N

Die kürzesten Wege sind:

von A nach B: $A \to C \to B$ mit der Länge 8
von A nach C: $A \to C$ mit der Länge 6
von A nach D: $A \to C \to D$ mit der Länge 4
von A nach E: $A \to D \to E$ mit der Länge 7
von A nach F: $A \to D \to F$ mit der Länge 8
von A nach G: $A \to D \to G$ mit der Länge 9
von A nach H: $A \to D \to G \to H$ mit der Länge 13
von A nach I: $A \to D \to F \to I$ mit der Länge 12
von A nach J: $A \to D \to F \to J$ mit der Länge 11
von A nach K: $A \to D \to G \to K$ mit der Länge 13
von A nach L: $A \to D \to G \to L$ mit der Länge 15
von A nach M: $A \to D \to F \to J \to M$ mit der Länge 14
von A nach N: $A \to D \to F \to J \to N$ mit der Länge 13
von A nach P: $A \to D \to F \to J \to N \to P$ mit der Länge 15.

Aufgabe 5

Mit dem Algorithmus von Kruskal werden nacheinander folgende Kanten geprüft:

$[2,4], [4,5], [2,5], [5,7], [6,7], [1,2], [5,6], [7,8], [3,5], [5,8], [2,3], [1,3], [4,8], [3,6]$.

Es ergibt sich folgender minimal spannender Baum:

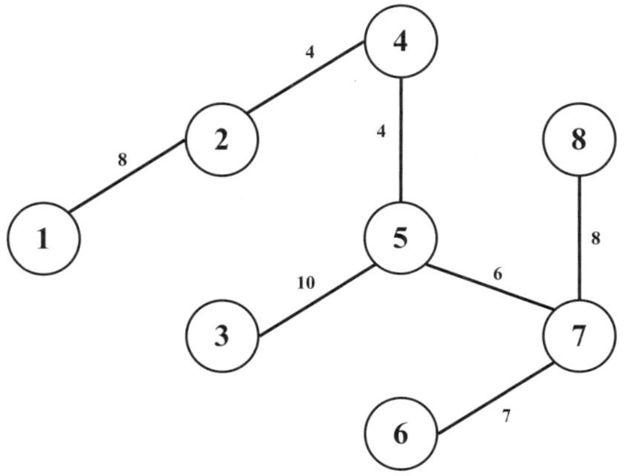

Aufgabe 6

Mit dem Algorithmus von Kruskal werden nacheinander folgende Kanten geprüft:

$[B,C], [G,J], [I,J], [J,N], [K,N], [L,P], [N,P], [D,E], [F,G], [F,J], [J,M], [K,P], [M,N], [A,D]$, $[C,D], [C,G], [D,F], [E,F], [F,I], [G,H], [G,K], [I,M], [D,G], [J,K], [K,L], [A,C], [B,H], [G,L]$, $[H,L], [A,E], [C,H], [A,B]$ und $[E,I]$.

Es ergibt sich folgender minimal spannender Baum:

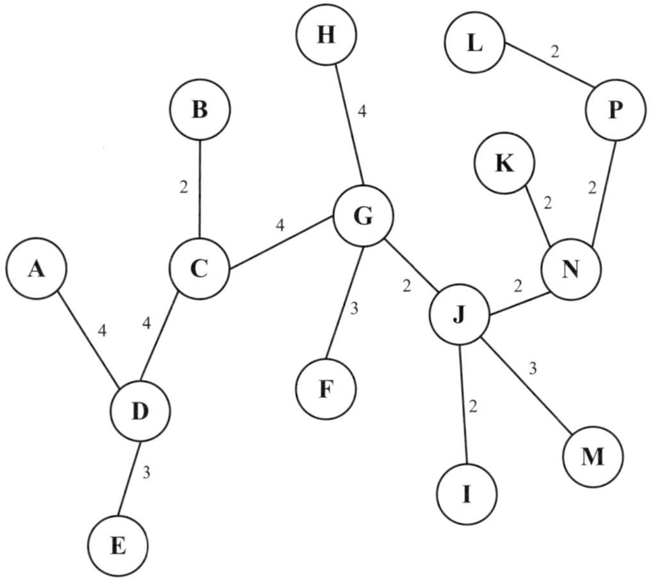

10.8 Lösungen zu Kapitel 8

Aufgabe 1

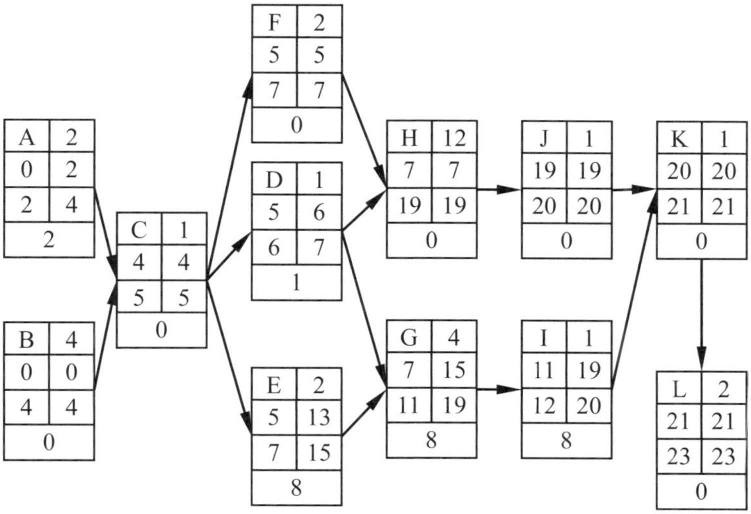

Kritischer Pfad: $B \to C \to F \to H \to J \to K \to L$.

Der FIFO-Algorithmus erzeugt folgende Ausgabe:

```
Start Vorwaertsrechnung
1. Iteration
     1   2   3   4   5   6   7   8   9   10   11   12
FAZ  0   0  -1  -1  -1  -1  -1  -1  -1   -1   -1   -1
FEZ  0   0   0   0   0   0   0   0   0    0    0    0

2. Iteration
     1   2   3   4   5   6   7   8   9   10   11   12
FAZ  0   0   2  -1  -1  -1  -1  -1  -1   -1   -1   -1
FEZ  2   0   0   0   0   0   0   0   0    0    0    0

3. Iteration
     1   2   3   4   5   6   7   8   9   10   11   12
FAZ  0   0   4  -1  -1  -1  -1  -1  -1   -1   -1   -1
FEZ  2   4   0   0   0   0   0   0   0    0    0    0

4. Iteration
     1   2   3   4   5   6   7   8   9   10   11   12
FAZ  0   0   4   5   5   5  -1  -1  -1   -1   -1   -1
FEZ  2   4   5   0   0   0   0   0   0    0    0    0
```

5. Iteration

	1	2	3	4	5	6	7	8	9	10	11	12
FAZ	0	0	4	5	5	5	6	6	-1	-1	-1	-1
FEZ	2	4	5	6	0	0	0	0	0	0	0	0

6. Iteration

	1	2	3	4	5	6	7	8	9	10	11	12
FAZ	0	0	4	5	5	5	7	6	-1	-1	-1	-1
FEZ	2	4	5	6	7	0	0	0	0	0	0	0

7. Iteration

	1	2	3	4	5	6	7	8	9	10	11	12
FAZ	0	0	4	5	5	5	7	7	-1	-1	-1	-1
FEZ	2	4	5	6	7	7	0	0	0	0	0	0

8. Iteration

	1	2	3	4	5	6	7	8	9	10	11	12
FAZ	0	0	4	5	5	5	7	7	11	-1	-1	-1
FEZ	2	4	5	6	7	7	11	0	0	0	0	0

9. Iteration

	1	2	3	4	5	6	7	8	9	10	11	12
FAZ	0	0	4	5	5	5	7	7	11	19	-1	-1
FEZ	2	4	5	6	7	7	11	19	0	0	0	0

10. Iteration

	1	2	3	4	5	6	7	8	9	10	11	12
FAZ	0	0	4	5	5	5	7	7	11	19	12	-1
FEZ	2	4	5	6	7	7	11	19	12	0	0	0

11. Iteration

	1	2	3	4	5	6	7	8	9	10	11	12
FAZ	0	0	4	5	5	5	7	7	11	19	20	-1
FEZ	2	4	5	6	7	7	11	19	12	20	0	0

12. Iteration

	1	2	3	4	5	6	7	8	9	10	11	12
FAZ	0	0	4	5	5	5	7	7	11	19	20	21
FEZ	2	4	5	6	7	7	11	19	12	20	21	0

13. Iteration

	1	2	3	4	5	6	7	8	9	10	11	12
FAZ	0	0	4	5	5	5	7	7	11	19	20	21
FEZ	2	4	5	6	7	7	11	19	12	20	21	23

```
Start Rueckwaertsrechnung
1. Iteration
      1    2    3    4    5    6    7    8    9    10   11   12
SAZ   0    0    0    0    0    0    0    0    0     0    0   21
SEZ   x    x    x    x    x    x    x    x    x     x   21   23

2. Iteration
      1    2    3    4    5    6    7    8    9    10   11   12
SAZ   0    0    0    0    0    0    0    0    0     0   20   21
SEZ   x    x    x    x    x    x    x    x   20    20   21   23

3. Iteration
      1    2    3    4    5    6    7    8    9    10   11   12
SAZ   0    0    0    0    0    0    0    0   19     0   20   21
SEZ   x    x    x    x    x    x   19    x   20    20   21   23

4. Iteration
      1    2    3    4    5    6    7    8    9    10   11   12
SAZ   0    0    0    0    0    0    0    0   19    19   20   21
SEZ   x    x    x    x    x    x   19   19   20    20   21   23

5. Iteration
      1    2    3    4    5    6    7    8    9    10   11   12
SAZ   0    0    0    0    0    0   15    0   19    19   20   21
SEZ   x    x    x   15   15    x   19   19   20    20   21   23

6. Iteration
      1    2    3    4    5    6    7    8    9    10   11   12
SAZ   0    0    0    0    0    0   15    7   19    19   20   21
SEZ   x    x    x    7   15    7   19   19   20    20   21   23

7. Iteration
      1    2    3    4    5    6    7    8    9    10   11   12
SAZ   0    0    0    6    0    0   15    7   19    19   20   21
SEZ   x    x    6    7   15    7   19   19   20    20   21   23

8. Iteration
      1    2    3    4    5    6    7    8    9    10   11   12
SAZ   0    0    0    6   13    0   15    7   19    19   20   21
SEZ   x    x    6    7   15    7   19   19   20    20   21   23

9. Iteration
      1    2    3    4    5    6    7    8    9    10   11   12
SAZ   0    0    0    6   13    5   15    7   19    19   20   21
SEZ   x    x    5    7   15    7   19    9   20    20   21   23
```

10. Iteration

	1	2	3	4	5	6	7	8	9	10	11	12
SAZ	0	0	4	6	13	5	15	7	19	19	20	21
SEZ	4	4	5	7	15	7	19	19	20	20	21	23

11. Iteration

	1	2	3	4	5	6	7	8	9	10	11	12
SAZ	2	0	4	6	13	5	15	7	19	19	20	21
SEZ	4	4	5	7	15	7	19	19	20	20	21	23

12. Iteration

	1	2	3	4	5	6	7	8	9	10	11	12
SAZ	2	0	4	6	13	5	15	7	19	19	20	21
SEZ	4	4	5	7	15	7	19	19	20	20	21	23

13. Iteration

	1	2	3	4	5	6	7	8	9	10	11	12
SAZ	2	0	4	6	13	5	15	7	19	19	20	21
SEZ	4	4	5	7	15	7	19	19	20	20	21	23

Ergebnis

	1	2	3	4	5	6	7	8	9	10	11	12
FAZ	0	0	4	5	5	5	7	7	11	19	20	21
FEZ	2	4	5	6	7	7	11	19	12	20	21	23
SAZ	2	0	4	6	13	5	15	7	19	19	20	21
SEZ	4	4	5	7	15	7	19	19	20	20	21	23

Aufgabe 2

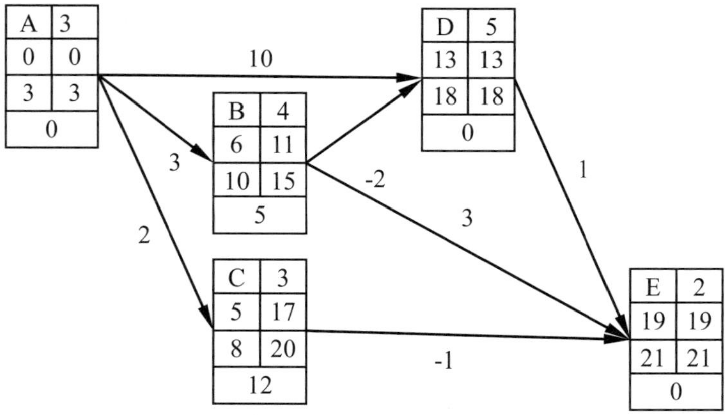

Kritischer Pfad: $A \to D \to E$.

Aufgabe 3

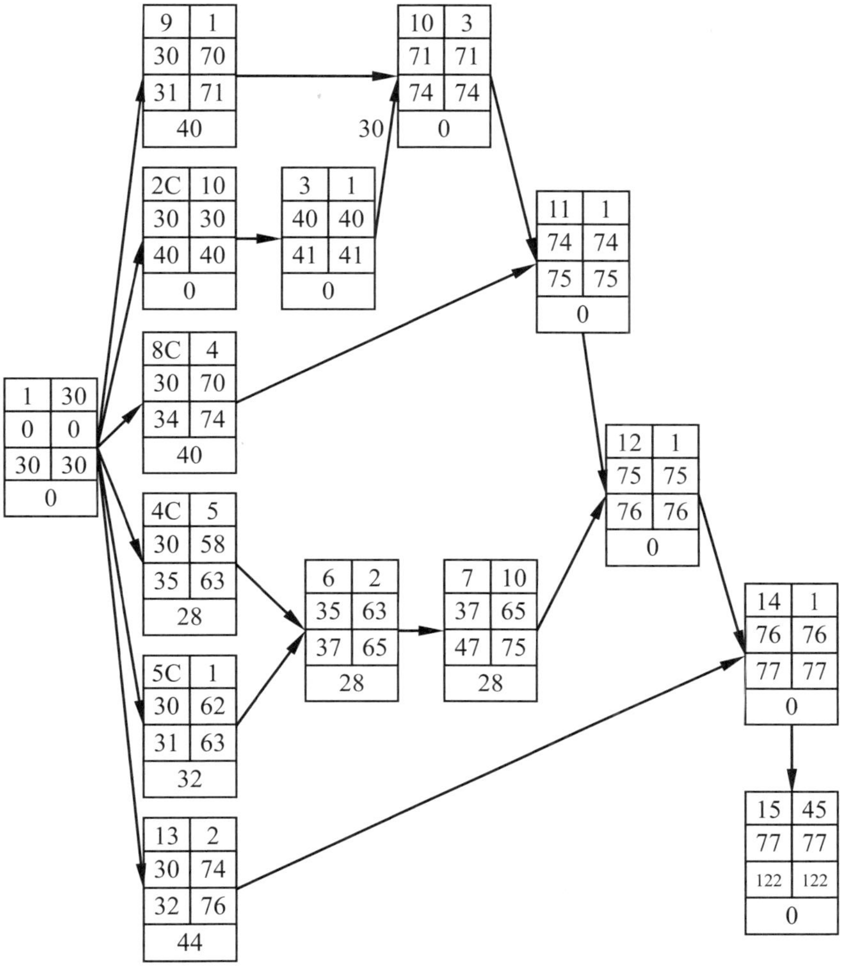

Kritischer Pfad: 1 → 2 → 3 → 10 → 11 → 12 → 14 → 15.

10.9 Lösungen zu Kapitel 9

Aufgabe 1

1. Simulation:

Völlig analog zu Beispiel 9.1 folgt mit den Parametern für die 3x2 Serien für die Kongruenzmethode nach Lehmer

$m = 2^{30}, a = 12\,345, c = 76\,767$ und $Z_0 = 3\,567\,855$

$m = 2^{31}, a = 8\,493, c = 4\,992$ und $Z_0 = 24\,745\,544$

$m = 2^{31}, a = 47\,381, c = 589\,444$ und $Z_0 = 2\,348\,838$

$m = 2^{29}, a = 28\,847, c = 98\,534$ und $Z_0 = 88\,554\,669$

$m = 2^{32}, a = 9\,567, c = 77\,443$ und $Z_0 = 3\,976\,004$

$m = 2^{29}, a = 84\,831, c = 49\,372$ und $Z_0 = 1\,796\,368$

und der Box-Muller-Methode:

durchschnittlicher Gewinn ohne Sonderschichten: 11 916.72€

durchschnittlicher Gewinn mit Sonderschichten: 12 387.28€.

2. Simulation:

Völlig analog zu Beispiel 9.1 folgt mit den Parametern für die 3x2 Serien für die Kongruenzmethode nach Lehmer

$m = 2^{28}, a = 8\,765, c = 8\,843\,888$ und $Z_0 = 3\,567\,855$

$m = 2^{25}, a = 2\,289, c = 191\,992$ und $Z_0 = 247\,455\,445$

$m = 2^{27}, a = 3\,383\,899, c = 20\,935$ und $Z_0 = 23\,488\,383$

$m = 2^{31}, a = 92\,994\,343, c = 338\,388$ und $Z_0 = 88\,554\,669$

$m = 2^{30}, a = 63\,337, c = 4\,467$ und $Z_0 = 1\,796\,368$

$m = 2^{29}, a = 47\,289, c = 44\,673$ und $Z_0 = 3\,976\,004$

und der Box-Muller-Methode:

durchschnittlicher Gewinn ohne Sonderschichten: 12 023.95€

durchschnittlicher Gewinn mit Sonderschichten: 12 550.92€.

3. Simulation:

Völlig analog zu Beispiel 9.1 folgt mit den Parametern für die 3x2 Serien für die Kongruenzmethode nach Lehmer

$m = 2^{34}, a = 22\,789\,335, c = 3\,838\,389$ und $Z_0 = 933\,747$

$m = 2^{26}, a = 890\,367, c = 8\,225\,109$ und $Z_0 = 9\,927\,371$

$m = 2^{31}, a = 8\,733\,660, c = 973$ und $Z_0 = 9\,802\,637$

$m = 2^{33}, a = 5\,047\,763, c = 17\,730$ und $Z_0 = 1\,697\,422$

$m = 2^{31}, a = 777\,401, c = 881$ und $Z_0 = 28\,813\,947$

$m = 2^{33}, a = 901\,169, c = 890\,213$ und $Z_0 = 972\,573$

und der Box-Muller-Methode:

durchschnittlicher Gewinn ohne Sonderschichten: 12 000.98€

durchschnittlicher Gewinn mit Sonderschichten: 12 408.03€.

Damit lohnen sich die Sonderschichten mit sehr großer Wahrscheinlichkeit.

Literatur

Domschke, Wolfgang und Drexl, Andreas, Einführung in Operations Research, 8. Auflage, Berlin 2011.

Heinrich, Gert, Basiswissen Mathematik, Statistik und Operations Research für Wirtschaftswissenschaftler, 4. Auflage, München 2012.

Heinrich, Gert und Grass, Jürgen, Operations Research in der Praxis, München 2006.

Hillier, Frederick und Lieberman, Gerald, Operations Research, 5. Auflage, München 2002.

Liebl, Franz, Simulation, 2. Auflage, München 1995.

Oberstenfeld, Wolfgang, T S P – Traveling Salesman Problem: Das Lösungsverfahren, München 2007.

Zimmermann, Werner und Stache, Ulrich, Operations Research, Quantitative Methoden zur Entscheidungsvorbereitung, 10. Auflage, München 2001.

Index